土木建筑大类专业系列新形态教材

U0368679

# 建筑工程安全管理

## （第二版）

陈海军▣主　编

杨建华　杨澄宇　周　征▣副主编

清華大學出版社

北　京

## 内 容 简 介

本书是省级工程造价高水平专业群建设教材、校级优秀教材、工作手册式教材,面向土木建筑行业的施工现场安全管理岗位,以工作过程为主线,以工作任务为载体,以学习成果为导向,设计了 3 个模块,共 17 个任务。本书主要介绍建筑施工安全管理、安全技术和安全事故分析及预防,以任务工作单的形式引导任务实施,融入数字化、智能化资源实现自主探究学习。

本书可作为高职院校智能建造技术、建筑工程技术、工程造价、建设工程管理等专业的教学用书,也可作为建筑施工企业安全管理人员的培训和参考用书。

**图书在版编目(CIP)数据**

建筑工程安全管理 / 陈海军主编. -- 2 版. -- 北京:清华大学出版社,2025.3.
(土木建筑大类专业系列新形态教材). -- ISBN 978-7-302-68686-6

Ⅰ. TU714

中国国家版本馆 CIP 数据核字第 2025MY3455 号

责任编辑:杜 晓
封面设计:曹 来
责任校对:郭雅洁
责任印制:宋 林

出版发行:清华大学出版社
    网    址:https://www.tup.com.cn,https://www.wqxuetang.com
    地    址:北京清华大学学研大厦 A 座          邮    编:100084
    社 总 机:010-83470000                      邮    购:010-62786544
    投稿与读者服务:010-62776969,c-service@tup.tsinghua.edu.cn
    质量反馈:010-62772015,zhiliang@tup.tsinghua.edu.cn
    课件下载:https://www.tup.com.cn,010-83470410
印 装 者:三河市铭诚印务有限公司
经    销:全国新华书店
开    本:185mm×260mm          印    张:15.75          字    数:379 千字
版    次:2022 年 5 月第 1 版   2025 年 3 月第 2 版   印    次:2025 年 3 月第 1 次印刷
定    价:49.00 元

产品编号:111862-01

# 序

建筑业作为我国国民经济的重要支柱产业,在过去几十年取得了长足的发展。随着科技的进步,目前建筑业正处于转型升级的关键时期。工业化、数字化、智能化、绿色化成为建筑行业发展的重要方向。例如,BIM(building information modeling)技术的应用为各方建设主体提供协同工作的基础,在提高生产效率、节约成本和缩短工期方面发挥着重要作用,在设计、施工、运维方面很大程度上改变了传统模式和方法;智能建筑系统的普及提升了居住和办公环境的舒适度和安全性;人工智能技术在建筑行业中的应用逐渐增多,如无人机、建筑机器人的应用,提高了工作效率、降低了劳动强度,并为建筑行业带来更多创新;装配式建筑改变了建造方式,其建造速度快、受气候条件影响小,既可节约劳动力,又可提高建筑质量,并且节能环保;绿色低碳理念推动了建筑业可持续发展。2020 年 7 月,住房和城乡建设部等 13 个部门联合印发《关于推动智能建造与建筑工业化协同发展的指导意见》(建市〔2020〕60 号),旨在推进建筑工业化、数字化、智能化升级,加快建造方式转变,推动建筑业高质量发展,并提出到 2035 年,"'中国建造'核心竞争力世界领先,建筑工业化全面实现,迈入智能建造世界强国行列"的奋斗目标。

然而,人才缺乏已经成为制约行业转型升级的瓶颈,培养大批掌握建筑工业化、数字化、智能化、绿色化技术的高素质技术技能人才成为土木建筑大类专业的使命和机遇,同时也对土木建筑大类专业教学改革,特别是教学内容改革提出了迫切要求。

教材建设是专业建设的重要内容,是职业教育类型特征的重要体现,也是教学内容和教学方法改革的重要载体,在人才培养中起着重要的基础性作用。优秀的教材更是提高教学质量、培养优秀人才的重要保证。为了满足土木建筑大类各专业教学改革和人才培养的需求,清华大学出版社借助清华大学一流的学科优势,聚集优秀师资以及行业骨干企业的优秀工程技术和管理人员,启动 BIM 技术应用、装配式建筑、智能建造三个方向的土木建筑大类新形态系列教材建设工作。该系列教材由四川建筑职业技术学院胡兴福教授担任丛书主编,统筹作者团队,确定教材编写原则,并负责审稿等工作。该系列教材具有以下特点。

(1)思想性。该系列教材全面贯彻党的二十大精神,落实立德树人根本任务,引导学生践行社会主义核心价值观,不断强化职业理想和职业道德培养。

(2)规范性。该系列教材以《职业教育专业目录(2021 年)》和国家专业教学标准为依据,同时吸取各相关院校的教学实践成果。

(3)科学性。教材建设遵循职业教育的教学规律,注重理实一体化,内容选取、结构安排体现职业性和实践性的特色。

(4)灵活性。鉴于我国地域辽阔,自然条件和经济发展水平差异较大,部分教材采用不同课程体系，一纲多本，以满足各院校的个性化需求。

（5）先进性。一方面，教材建设体现新规范、新技术、新方法，以及现行法律、法规和行业相关规定，不仅突出了 BIM、装配式建筑、智能建造等新技术的应用，而且反映了营改增等行业管理模式变革内容。另一方面，教材采用活页式、工作手册式、融媒体等新形态，并配套开发了数字资源（包括但不限于课件、视频、图片、习题库等），大部分图书配套有富媒体素材，通过二维码的形式链接到出版社平台，供学生扫码学习。

教材建设是一项浩大且复杂的千秋工程，为培养建筑行业转型升级所需的合格人才贡献力量是我们的夙愿。BIM、装配式建筑、智能建造在我国的应用尚处于起步阶段，在教材建设中有许多课题需要探索，本系列教材难免存在不足之处，恳请专家和广大读者批评、指正，希望更多的同仁与我们共同努力！

胡兴福

2024 年 7 月

# 第二版前言

建筑业是我国国民经济的重要支柱产业之一,在国民经济增长和社会发展中发挥了重要的作用。随着建筑工程建设项目趋向大型化、高层化和复杂化,建筑业的安全生产面临巨大挑战,建筑业已经成为我国工业部门中仅次于采矿业的高危行业。因此,提高建筑业的安全生产管理水平、保障从业人员的生命安全意义重大。从大处来说,安全是为了社会的稳定和企业的发展,没有社会的和谐,就没有企业的发展,职工群众的生活质量就难以提高;从小处来说,安全是为了职工的健康和家庭的幸福安宁,没有个人的安全保障和事业的发展,家庭幸福就无从谈起。

党的二十大报告指出:"教育、科技、人才是全面建设社会主义现代化国家的基础性、战略性支撑。"本书全面贯彻党的二十大和二十届二中、三中全会精神,坚持立德树人根本任务,旨在引导高职院校学生善用安全管理知识和安全技术,规范执行安全标准,树立"生命至上、安全第一"的理念,能对建筑工程施工安全进行检查与监控,会"安全管理",实现"零距离上岗",从而能够胜任建筑施工安全管理人员职业岗位,在工作中具有较强的竞争力。

本书根据高等职业教育建筑工程技术专业教学标准,对标《中华人民共和国安全生产法》、《建筑施工安全检查标准》(JGJ 59—2011)、《建筑施工安全技术统一规范》(GB 50870—2013)、《建筑工程施工安全隐患排查系统技术标准》(T/CECS 1258—2023)、《智慧工地建设技术标准》(T/CCIAT 0024—2020)等,基于安全生产、文明施工、绿色施工的理念,从地方优质校企合作企业江苏成章建设集团有限公司工程项目安全管理岗位的实际工作出发,结合高职院校学生的学习能力水平,构建了"以工作过程为主线,以工作任务为载体,以学习成果为导向"的模块化教材体系,设计了 3 个模块,即建筑施工安全管理、建筑施工安全控制、建筑施工安全事故分析及预防,共 17 个工作任务,融入 52 个知识点。本书结构思维导图如下页图所示。

为了积极响应国家高等职业教育关于新形态一体化、活页式、工作手册式教材开发的号召,本书采用了工作手册式教材体例结构,且具有三大特色:一是对接职业岗位,构建模块化教材体系,以任务工作单的形式引导任务实施,为建筑工程安全管理工作提供指导;二是以成果导向教育(OBE)理念为引领,全面贯彻以学生为中心,融入数字化、智能化资源实现自主探究学习;三是以产教融合为驱动,校企共建共享,由教学名师、省级骨干教师、专业教研室主任、学校骨干教师和地方优质企业专家组成"双师"编写团队,提高了本书的实用性。

本书是省级工程造价高水平专业群建设教材,由江苏城乡建设职业学院重点教材建设项目资助。本书编写团队由多年从事本课程教学的教师骨干及合作企业技术骨干组成,由江苏城乡建设职业学院陈海军任主编,江苏城乡建设职业学院杨建华、杨澄宇、周征任副主编,江苏成章建设集团有限公司殷森平也为编写工作作出了贡献。具体编写分工为:模块1由陈海军、杨建华、周征共同编写,包括任务1～5,共5个任务;模块2由陈海军、杨澄宇共同编写,包括任务6～11,共6个任务;模块3由陈海军、杨建华共同编写,包括任务12～17,共6个任务;合作企业专家殷森平为本书的编写提供了优质的工程实践素材和案例资源。全书由江苏城乡建设职业学院陈海军主持编写并统稿。

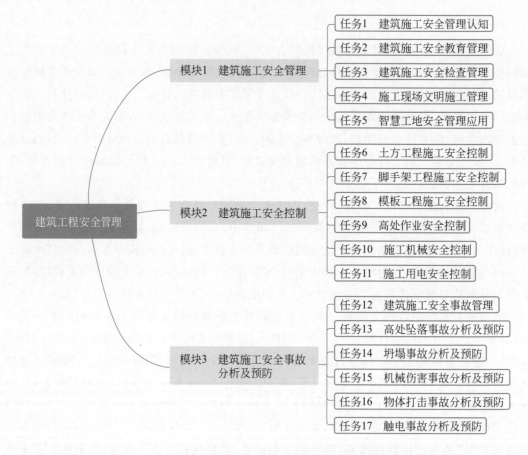

本书在编写过程中,参考了大量的文献,在此表示衷心的感谢。尽管编者在编写过程中力求完善,但由于编者水平有限,书中难免存在不足之处,恳请广大读者批评、指正!

编　者

2025 年 1 月

本书配套教学资源

# 目　录

## 模块 1　建筑施工安全管理

## 模块 3　建筑施工安全事故分析及预防

模块 *1*

# 建筑施工
# 安全管理

# 任务 1  建筑施工安全管理认知

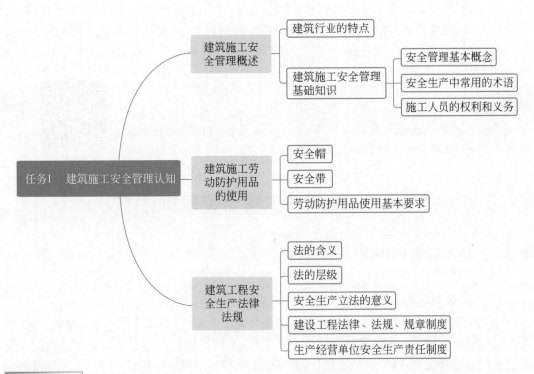

## 知识目标

1. 熟悉建筑行业的特点。
2. 掌握安全管理的基本概念、安全生产中常用的术语、施工人员的权利和义务。
3. 掌握建筑施工劳动防护用品的使用。
4. 熟悉建筑工程安全生产法律法规。

## 能力目标

1. 能复述安全管理基本概念和安全生产中常用的术语。
2. 能正确使用建筑施工劳动防护用品。
3. 能判别建筑工程安全生产情况是否符合相关法律法规的要求。

## 素质目标

1. 树立"安全第一、预防为主"的职业情感。
2. 树立"以人为本,做好安全防护"理念。
3. 培养爱国情怀以及遵章守纪的职业操守。

### 相关知识链接

1. 建筑施工安全管理概述。
2. 建筑施工劳动防护用品的使用。
3. 建筑工程安全生产法律法规。

建筑施工安全
管理认知

### 职业素养养成

1. 通过对"建筑施工安全管理概述"的学习，树立"安全第一、预防为主"的职业情感。
2. 通过对"建筑施工劳动防护用品的使用"的学习，树立"以人为本，做好安全防护"理念。
3. 通过对"建筑工程安全生产法律法规"的学习，培养爱国情怀以及遵章守纪的职业操守。

### 情境创设

通过建筑施工安全教育动画视频，引导学生思考如何做好建筑施工安全防护，提高学生对建筑施工安全管理的认知。

建筑施工
安全教育

## 1.1 建筑施工安全管理概述

### 1.1.1 建筑行业的特点

**1. 产品是固定的，作业是流动的**

建筑行业作业人员随着工程所在地点的变化而不断流动，即便在同一个工地施工，作业人员也会随着工程进度和工序的变化而不断变化、不断流动。正是由于工作环境和作业条件产生的动态变化大，施工周期转化快，所以施工现场安全隐患比较多。

**2. 劳动强度大，劳动力密集**

建筑行业工作时间长，体力负担重，而且要求注意力高度集中。遇到抢工期，有时还需要加班，昼夜抢工。

**3. 建筑施工安全生产事故多发**

建筑行业露天作业多、高处作业多、交叉作业多。

**4. 从业人员构成成分复杂，安全意识比较差**

施工现场作业人员中含有大量民工和临时劳务用工，其侥幸心理很强，甚至不遵守劳动纪律，违章操作，认识不到施工项目的高风险和作业环境的危险性。

### 1.1.2 建筑施工安全管理基础知识

**1. 安全管理基本概念**

1）安全

"无危则安，无缺则全"即为安全。按照系统安全工程观点，安全是指生产系统中人员免遭不可承受危险的伤害,即危险受控才是安全的,安全是相对的,危险是绝对的。

2)本质安全

本质安全是指设备、设施或技术工艺含有内在的能够从根本上防止发生事故的功能。本质安全包括"失误—安全"和"故障—安全"两大功能。

(1)"失误—安全"功能。操作者即使操作失误,也不会发生事故或伤害,或者说设备、设施和技术工艺本身具有自动防止人的不安全行为的功能。

(2)"故障—安全"功能。设备、设施或技术工艺发生故障或损坏时,还能暂时维持正常工作或者自动转为安全状态。

3)安全生产方针

安全生产方针是指政府对安全生产工作总的要求,是安全生产工作的方向。我国安全生产方针大体经历了3次变化:①1949—1983年,"生产必须安全、安全为了生产";②1984—2004年,"安全第一,预防为主";③2005年至今,"安全第一,预防为主,综合治理"。

安全生产方针的要点是预防,安全生产方针的根本思想是必须坚持以人为本,把预防劳动过程中的伤亡放在工作的首位,保证劳动者的生命和健康利益。

4)安全生产与安全管理

安全生产是指为了使劳动过程在符合安全要求的物质条件和工作秩序下进行,防止伤亡事故、设备事故及各种灾害的发生,保障劳动者的安全健康和生产作业过程的正常进行而采取的各种措施和从事的一切活动。

安全管理是以国家法律、法规、规定和技术标准为依据,采取各种手段对生产经营单位的生产经营活动的安全状况实施有效制约的一切手段。

5)危害、危险源与事故

危害是指可能造成人员伤亡、疾病、财产损失、工作环境破坏的根源或状态。

危险源即危险的根源,是指可能导致人员伤亡或物质损失事故的、潜在的不安全因素。

事故是指人们在开展有目的的行动过程中,由不安全的行为、动作或不安全的状态所引起的、突然发生的、与人的意志相反且事先未能预料到的意外事件。

6)工伤

工伤也称职业伤害,是指劳动者(职工)在工作或者其他职业活动中因意外事故伤害和职业病造成的伤残和死亡。

7)安全生产责任制

安全生产责任制是指根据安全生产法律法规和企业生产实际,将各级领导、职能部门、工程技术人员、岗位操作人员在安全生产方面应做的事及应负的责任加以明确规定的一种制度。

安全生产责任制的作用:①明确了单位的主要负责人及其他负责人、各有关部门和员工在经营活动中应负的责任;②在各部门及员工之间建立一种分工明确、运行有效、责任落实的制度,有利于把安全工作落实到实处;③使安全工作层层有人负责。

安全生产责任制是安全生产规章制度的核心。安全生产责任制明确了公司各级负责人、各类工程技术人员、各职能部门和每位员工在生产活动中应负的安全职责。安全生产责任制的要求是纵向到底和横向到边。

8）安全色与安全标志

安全色是表示安全信息的颜色。颜色常被用作为加强安全和预防事故而设置的标志。安全色要求醒目、容易识别，其作用在于迅速指示危险，或指示在安全方面有着重要意义的器材和设备的位置。国家标准《安全色》（GB 2893—2008）规定，用红、黄、蓝、绿四种颜色作为全国通用的安全色。

（1）红色表示禁止、停止、消防和危险的意思。提示禁止、停止和有危险的器件、设备或环境涂以红色的标记（图 1-1）。

图 1-1　安全色：红色

（2）黄色表示注意、警告。需警告人们注意的器件、设备或环境涂以黄色标记（图 1-2）。

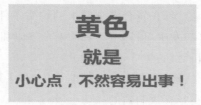

图 1-2　安全色：黄色

（3）蓝色表示指令、必须遵守的规定。如指令标志、交通指示标志等涂以蓝色标记（图 1-3）。

图 1-3　安全色：蓝色

（4）绿色表示通行、安全和提供信息。提示可以通行或安全情况的标志涂以绿色标记（图 1-4）。

图 1-4　安全色：绿色

根据《安全标志及其使用导则》(GB 2894—2008),安全标志是用以表达特定安全信息的标志,由图形符号、安全色、几何形状(边框)或文字构成。安全标志向工作人员警示工作场所或周围环境的危险状况,指导人们采取合理行为。安全标志分为禁止标志、警告标志、指令标志、提示标志四类。

(1)禁止标志的含义是不准或制止人们采取某些行动。禁止标志的几何图形是带斜杠的圆环,其中圆环与斜杠相连,用红色;图形符号用黑色,背景用白色(图1-5)。

图1-5　禁止标志

(2)警告标志的含义是警告人们可能发生的危险。警告标志的几何图形是黑色的正三角形、黑色符号和黄色背景(图1-6)。

注意安全　施工　当心车辆

图1-6　警告标志

(3)指令标志的含义是必须遵守。指令标志的几何图形是圆形,蓝色背景,白色图形符号(图1-7)。

必须穿防护靴
Must wear protective boots

必须佩戴防护耳罩
Must wear ear protection

图1-7　指令标志

(4)提示标志的含义是示意目标的方向。提示标志的几何图形是方形,绿、红色背景,白色图形符号及文字(图1-8)。

图1-8　提示标志

**2.** 安全生产中常用的术语

1）"五大伤害"

"五大伤害"是建筑施工现场最常见的五类安全事故，分别是高处坠落、物体打击、触电、机械伤害和坍塌伤害（图1-9）。

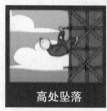    

| 高处坠落 | 物体打击 | 触电 | 机械伤害 | 坍塌伤害 |

图1-9　建筑施工"五大伤害"

2）"三级教育"

"三级教育"是指安全教育中的公司级教育、项目级教育和班组级教育。

3）"三违"

"三违"是指违章指挥、违章作业和违反劳动纪律。

（1）违章指挥：不遵守安全生产规程、制度和安全技术措施交底或擅自更改这些条目的人，指令那些没有经过培训、没有"做工证"和没有特种作业操作证的工人上岗作业的，指挥工人在安全防护设施、设备上有缺陷的条件下仍然冒险作业，以及发现违章作业而不制止的均为违章指挥。

（2）违章作业：不遵守施工现场安全制度，进入施工现场不戴安全帽，高处作业不系安全带，不正确使用个人防护用品，擅自动用机电设备或拆改挪动设备设施，随意爬脚手架等均为违章作业。

（3）违反劳动纪律是指不遵守企业的各项劳动纪律，比如不坚守岗位、乱串岗等行为。

4）"三宝"

"三宝"是指建筑施工防护使用的安全网、个人防护佩戴的安全帽和安全带。坚持正确使用或佩戴"三宝"，可减少操作人员的伤亡事故（图1-10）。

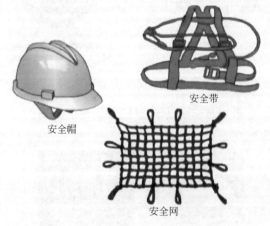

图1-10　建筑施工现场"三宝"

5）"三不伤害"

"三不伤害"是指生产作业中不伤害自己、不伤害他人、不被别人伤害。

6）"四不放过"

"四不放过"是指事故原因没有查清不放过、事故责任人没有严肃处理不放过、广大职工没有受到教育不放过和防范措施没有落实不放过。

7）"四口"

"四口"是指楼梯口、电梯口、通道口、预留洞口。有人形容这些是张着的老虎嘴，多数事故就是在"四口"发生的。

8）"五临边"

"五临边"是指深度超过 2m 的槽、坑、沟的周边，无外脚手架的屋面与楼层的周边，分层施工的楼梯口的楼段边，井子架、龙门架、外用电梯和脚手架与建筑物的通道和上下跑道、斜道的两侧边，尚未安装栏杆或栏板的阳台、料台、挑平台的周边。

**3. 施工人员的权利和义务**

（1）员工在安全生产方面的权利：①工伤保险和伤亡求偿权；②危险因素和应急措施的知情权；③安全管理的批评检控权；④拒绝违章指挥、拒绝强令冒险作业的权利；⑤紧急情况下的停止作业和紧急撤离权。

（2）员工在安全生产方面的义务：①遵章守规、服从管理的义务；②佩戴和使用安全防护用品的义务；③接受培训，掌握安全生产技能的义务；④发现事故隐患及时报告的义务。

# 1.2　建筑施工劳动防护用品的使用

从事施工作业人员必须配备符合国家现行有关标准的劳动防护用品，并应按规定正确使用。

## 1.2.1　安全帽

**1. 安全帽的结构**

进入施工现场人员必须佩戴安全帽，安全帽的结构如图 1-11 所示。

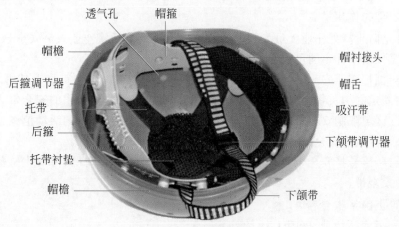

图 1-11　安全帽的结构

**2. 安全帽的作用**

安全帽的作用为：①防止物体打击；②防止高空物体坠落；③防止头部碰撞物体；④防止污染毛发伤害。

**3. 安全帽的正确佩戴**

（1）首先检查安全帽的外壳是否破损、有无合格帽衬、帽带是否完好、是否在有效期内。

（2）调整好帽衬顶端与帽壳内顶的间距，一般为 4～5cm。

（3）戴安全帽前应将帽后调整带按自己头型调整到适合的位置。

（4）禁止把安全帽歪戴和把帽檐戴在脑后方。

（5）安全帽的下颌带必须扣在颌下，并系牢，松紧要适度。

**4. 安全帽使用注意事项**

（1）安全帽体顶部除了在帽体内部安装了帽衬外，有的还开了小孔通风。但在使用时不要为了透气而随便再行开孔。

（2）由于安全帽在使用过程中会逐渐损坏，所以要定期检查安全帽，检查有没有龟裂、下凹、裂痕和磨损等情况，发现异常现象要立即更换，不准再继续使用。

（3）严禁使用只有下颌带与帽壳连接的安全帽，即帽内无缓冲层的安全帽。

（4）由于安全帽大部分使用高密度低压聚乙烯塑料制成，具有硬化和变蜕的性质，所以不宜长时间在阳光下曝晒。

（5）新领的安全帽，首先检查是否有劳动部门允许生产的证明及产品合格证，再看是否破损、薄厚不均，缓冲层及调整带和弹性带是否齐全有效。不符合规定要求的应立即调换。

（6）在现场室内作业也要戴安全帽，特别是在室内带电作业时，更要认真戴好安全帽，因为安全帽不但可以防碰撞，还能起到绝缘作用。

（7）平时使用安全帽时应保持整洁，不能接触火源，不要任意涂刷油漆，不准当凳子坐，防止丢失。如果丢失或损坏，必须立即补发或更换。无安全帽人员一律不准进入施工现场。

## 1.2.2　安全带

在 2m 及以上的无可靠安全防护设施的高处、悬崖和陡坡作业时，必须系挂安全带。

**1. 安全带的作用**

安全带是防止高处作业人员发生坠落或者在发生坠落后将作业人员安全悬挂的个体防护装置，按照使用条件不同可分为以下三类。

第一类：围栏作业安全带。这种安全带是指通过围绕在固定构筑物上的绳子或者带将人体绑定在固定的构筑物附近，使作业人员的双手可以进行其他操作的安全带。

第二类：区域限制安全带。这种安全带是指用于限制作业人员的活动范围，避免其到达可能发生坠落区域的安全带。

第三类：坠落悬挂安全带。这种安全带是指高处作业或者登高人员发生坠落时，将作业人员悬挂的安全带。

**2. 如何正确系安全带**

第一步：系胸前扣带，见图 1-12。

第二步:系腰部扣带,见图 1-13。

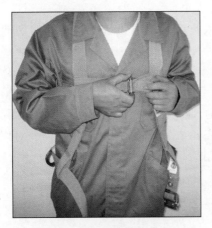

图 1-12　系胸前扣带　　　　　　　图 1-13　系腰部扣带

系好的安全带见图 1-14。

图 1-14　系好的安全带

**3. 安全带使用注意事项**

(1)安全带使用时应高挂低用,防止摆动碰撞。

(2)安全带长度一般为 1.5～2m,使用 3m 以上长绳时,应加缓冲器。

(3)不准将绳打结使用,不准将钩直接挂在不牢固物体上或安全绳上,应挂在连接环上使用。

## 1.2.3　劳动防护用品使用基本要求

(1)从事机械作业的女工及长发者应配备工作帽等个人防护用品。

(2)从事登高架设作业、起重吊装作业的施工人员应配备防止滑落的劳动防护用品,应为从事自然强光环境下作业的施工人员配备防止强光伤害的劳动防护用品。

(3)从事施工现场临时用电工程作业的施工人员应配备防止触电的劳动防护用品。

(4)从事焊接作业的施工人员应配备防止触电、灼伤、强光伤害的劳动防护用品。

（5）从事锅炉、压力容器、管道安装作业的施工人员应配备防止触电、强光伤害的劳动防护用品。

（6）从事防水、防腐和油漆作业的施工人员应配备防止触电、中毒、灼伤的劳动防护用品。

（7）从事基础施工、主体结构、屋面施工、装饰装修作业人员应配备防止身体、手足、眼部等受到伤害的劳动防护用品。

（8）冬季施工期间或作业环境温度较低的，应为作业人员配备防寒类防护用品。

（9）雨季施工期间应为室外作业人员配备雨衣、雨鞋等个人防护用品。对作业环境潮湿及水中作业的人员应配备相应的劳动防护用品。

## 1.3　建筑工程安全生产法律法规

安全生产是国民经济运行的基本保障，保护所有劳动者在工作中的安全与健康是政府义不容辞的责任，也是现代文明的基本内容。实现安全生产的前提条件是制定一系列安全法规，使之有法可依。通过法律框架下政府对建筑业的管理，采取有效措施，加强对建设工程的安全生产监督管理，提高建筑业安全生产管理水平，降低伤亡事故的发生率，减少经济损失。

随着《中华人民共和国建筑法》《中华人民共和国安全生产法》《建设工程安全生产管理条例》等法律法规及部门规章、施工安全技术标准的相继出台，为保障我国建筑业的安全生产提供了有力的法律武器，在建筑业安全生产工作方面做到了有法可依。但有法可依仅是实现安全生产的前提条件，在实际安全生产工作中还必须要求生产经营单位从业人员严格遵守各项安全生产规章制度，做到有法必依，同时要求各级安全生产监督管理部门执法必严、违法必究。

**1. 法的含义**

广义的法是国家机关制定并由国家强制保证实施的行为规范的总称。狭义的法专指国家立法机关制定的、在全国范围内具有普遍约束力的规范性文件。

**2. 法的层级**

法的层级见图 1-15。

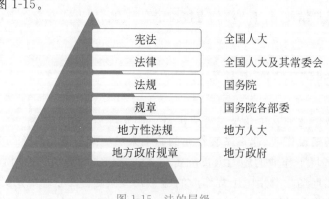

| 宪法 | 全国人大 |
| 法律 | 全国人大及其常委会 |
| 法规 | 国务院 |
| 规章 | 国务院各部委 |
| 地方性法规 | 地方人大 |
| 地方政府规章 | 地方政府 |

图 1-15　法的层级

### 3. 安全生产立法的意义

安全生产立法的意义如下。

（1）重视和保护人的生命。

（2）制裁各类安全生产违法犯罪行为。

（3）依法规范生产经营单位生产工作。

（4）提高从业人员素质。

（5）增强全体公民法律意识。

### 4. 建设工程法律、法规、规章制度

建筑行业的特点决定了建筑业是一个高危险、事故多发的行业。同时施工生产的流动性、建筑产品的单件性和类型多样性、施工生产过程的复杂性、工作环境多变性都决定了施工现场容易发生安全事故。针对建筑施工安全事故涉及的范围广、原因多、突发性强的特点，我国制定了有关建设工程安全生产、劳动保护、环境保护等法律、法规和标准规范，具体包括《中华人民共和国建筑法》(简称《建筑法》)、《中华人民共和国安全生产法》(简称《安全生产法》)、《建设工程安全生产管理条例》《中华人民共和国劳动法》(简称《劳动法》)、《中华人民共和国环境保护法》(简称《环境保护法》)、《中华人民共和国消防法》(简称《消防法》)等法律、法规，以及《建筑施工企业安全生产许可证管理规定》《建筑工程施工现场管理规定》《建筑安全生产监督管理规定》《工程建设监理规定》等部门规章和地方性法规，也包括《工程建设标准强制性条文》《建设工程监理规范》及有关的工程安全技术标准、规范、规程等。

### 5. 生产经营单位安全生产责任制度

《安全生产法》第四条规定："生产经营单位必须遵守本法和其他有关安全生产的法律、法规，加强安全生产管理，建立、健全安全生产责任制度，完善安全生产条件，确保安全生产。"该条规定主要是依法确定了以生产经营单位作为主体、以依法生产经营为规范、以安全生产责任制为核心的安全生产管理制度。

该项制度包含四方面内容：一是确定了生产经营单位在安全生产中的主体地位；二是规定了依法进行安全生产管理是生产经营单位的行为准则；三是强调了加强管理、建章立制、改善条件，是生产经营单位实现安全生产的必要措施；四是明确了确保安全生产是建立、健全安全生产责任制的根本目的。

【任务思考】

**任务工作单**

（1）建筑行业的特点有哪些？

（2）什么是本质安全？本质安全包括哪两个功能？

（3）建筑施工"五大伤害"是指什么？

（4）安全帽的作用是什么？

（5）如何正确佩戴安全帽？

（6）从业人员有哪些安全生产方面的权利和义务？

**任务练习**

1. 单项选择题

(1) 安全是( )。

    A. 没有危险的状态

    B. 没有事故的状态

    C. 舒适的状态

    D. 生产系统中人员免遭不可承受危险的伤害

(2) ( )是建筑施工企业所有安全规章制度的核心。

    A. 安全检查制度            B. 安全技术交底制度

    C. 安全教育制度            D. 安全生产责任制度

(3) 三级安全教育是指( )三级。

    A. 企业法定代表人、项目负责人、班组长

    B. 公司、项目、班组

    C. 总包单位、分包单位、工程项目

    D. 分包单位、工程项目、班组

(4) 下列关于安全标志含义的叙述,不正确的是( )。

    A. 禁止标志,含义是不准或制止人们采取某种行为

    B. 警告标志,含义是警告人们当心、小心、注意

    C. 指令标志,含义是必须遵守

    D. 提示标志,含义是提示人们不能去做

(5) 当前我国的安全生产方针是( )。

    A. 安全第一,预防为主        B. 安全第一,预防为主,综合治理

    C. 预防为主,防治结合        D. 安全第一,综合治理

(6) ( )对建设工程项目的安全施工负责。

    A. 专职安全管理人员        B. 工程项目技术负责人

    C. 项目负责人            D. 施工单位负责人

(7) 施工单位对因建设工程施工可能造成损害的毗邻建筑物、构筑物和地下管线等,采取( )。

    A. 防范措施    B. 安全保护措施    C. 专项防护措施    D. 隔离措施

(8) 根据《安全色》规定,安全色分为红、黄、蓝、绿四种颜色,分别表示( )。

    A. 禁止、指令、警告和提示        B. 指令、禁止、警告和提示

    C. 禁止、警告、指令和提示        D. 提示、禁止、警告和指令

(9) 夜间施工是指( )期间的施工。

    A. 10 时至次日 6 时        B. 22 时至次日 6 时

    C. 22 时至次日 5 时        D. 21 时至次日 6 时

(10) 消防安全必须贯彻( )的方针。

    A. 安全第一,预防为主        B. 群防群治

    C. 谁主管谁负责         D. 预防为主,防消结合

（11）安全带长度一般为 1.5～2m，使用（　　）m 以上长绳时，应加缓冲器。

　　　A. 3　　　　　　　B. 4　　　　　　　C. 5　　　　　　　D. 6

（12）安全带使用时应（　　），防止摆动碰撞。

　　　A. 高挂高用　　　B. 高挂低用　　　C. 低挂高用　　　D. 低挂低用

**2. 多项选择题**

（1）安全生产是为了使生产过程在符合物质条件和工作程序下进行，防止发生人身伤亡、财产损失等事故，采取的（　　）的一系列措施和活动。

　　　A. 控制自然灾害的破坏　　　　　　　B. 保障人身安全和健康

　　　C. 环境免遭破坏　　　　　　　　　　D. 设备和设施免遭损坏

　　　E. 消除或控制危险和有害因素

（2）安全标志主要包括（　　）等。

　　　A. 安全标语　　　　　　B. 安全色　　　　　　　C. 安全宣传栏

　　　D. 安全标志牌　　　　　E. 安全设施

（3）现代施工安全管理包括（　　）等几部分。

　　　A. 安全作业　　　　　　B. 文明施工　　　　　　C. 环境保护

　　　D. 成本管理　　　　　　E. 技术管理

（4）事故调查处理应当遵循"四不放过"的原则进行。属于"四不放过"内容的是（　　）。

　　　A. 事故原因未查清不放过　　　　　　B. 职工群众未受到教育不放过

　　　C. 防范措施未落实不放过　　　　　　D. 事故应急预案未制定不放过

　　　E. 事故责任者未受到处理不放过

（5）作业人员有权对施工现场存在的安全问题提出批评、检举和控告，有权拒绝（　　）。

　　　A. 遵守劳动纪律的要求　　　　　　　B. 违章指挥

　　　C. 危险作业　　　　　　　　　　　　D. 强令冒险作业

　　　E. 高处作业

（6）安全帽使用注意事项正确的有（　　）。

　　　A. 新领的安全帽，首先检查是否有劳动部门允许生产的证明及产品合格证

　　　B. 在现场室内作业可以不戴安全帽

　　　C. 平时使用安全帽时应保持整洁，不能接触火源

　　　D. 如果丢失或损坏，必须立即补发或更换。无安全帽人员一律不准进入施工现场

　　　E. 严禁使用只有下颌带与帽壳连接的安全帽，也就是帽内无缓冲层的安全帽

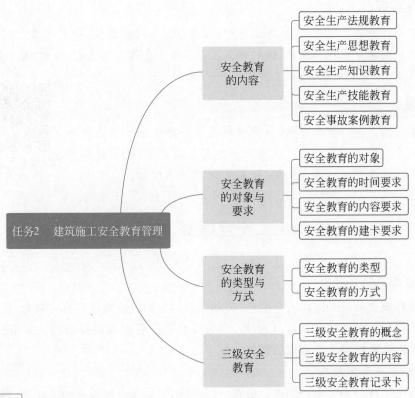

知识目标

1. 掌握安全教育的内容。
2. 熟悉安全教育的对象与要求。
3. 熟悉掌握安全教育的类型与方式。
4. 掌握三级安全教育的概念、内容和记录卡。

能力目标

1. 能结合工程实际分析施工现场安全教育的要求。
2. 能结合工程实际编制施工人员三级安全教育记录卡。
3. 能进行建筑施工安全教育管理。

素质目标

1. 提高安全意识。

2. 树立"安全第一、预防为主""关注安全、关爱生命"的职业情感。

## 相关知识链接

1. 安全教育的内容。
2. 安全教育的对象与要求。
3. 安全教育的类型与方式。
4. 三级安全教育的概念、内容和记录卡。

建筑施工安全
教育管理

## 职业素养养成

通过安全教育知识的学习，提高安全意识；结合工程实际案例，分析该工程项目施工现场安全教育的要求是否符合规定，编制施工人员三级安全教育记录卡，树立"安全第一、预防为主""关注安全、关爱生命"的职业情感。

## 情境创设

通过建筑施工安全教育视频，引导学生思考该建筑施工安全教育视频中事故发生的原因是什么？强调安全教育的重要性，特别是要树立"安全第一、预防为主""关注安全、关爱生命"的职业情感。

建筑施工
安全教育

# 2.1　安全教育的内容

**1. 安全生产法规教育**

通过对建筑企业员工进行安全生产、劳动保护等方面的法律法规宣传教育，使每个人都能够依据法规的要求做好安全生产管理。因为安全生产管理的前提条件就是依法管理，所以安全教育的首要内容就是法规的教育。

**2. 安全生产思想教育**

通过对员工进行深入细致的思想教育，提高他们对安全生产重要性的认识，提高安全意识。各级管理人员，特别是企业管理人员要加强对员工安全思想的教育，要以人为本，从关心人、爱护人、保护人的生命与健康出发，重视安全生产，做到不违章指挥；操作工人也要增强安全生产意识，从思想上深刻认识安全生产不仅涉及自身生命与安全，同时也和企业的利益和形象，甚至国家的利益紧紧联系在一起。

**3. 安全生产知识教育**

安全生产知识教育是让企业员工掌握施工安全中的安全基础知识、安全常识和劳动保护要求，这是经常性、最基本和最普通的安全教育。安全知识教育的主要内容如下。

（1）本企业生产经营的基本情况。

（2）施工操作工艺。

（3）施工中的主要危险源的识别及其安全防护的基本知识。

（4）施工设施、设备、机械的有关安全操作要求。

（5）电气设备安全使用常识。

（6）车辆运输的安全常识。

（7）高处作业的安全要求。

（8）防火安全的一般要求及常用消防器材的正确使用方法。

（9）特殊类专业（如桥梁、隧道、深基础、异形建筑等）施工的安全防护基本知识。

（10）工伤事故的简易施救方法和事故报告程序及保护事故现场等规定。

（11）个人劳动防护用品的正确使用和佩戴常识等。

**4. 安全生产技能教育**

安全生产技能教育是在安全生产知识教育基础上，进一步开展的专项安全教育，其侧重点是在安全操作技术方面，通过结合本工种特点与要求，为培养安全操作能力而进行的一种专业性的安全技术教育，主要内容包括安全技术要求、安全操作规程和职业健康等。

根据安全生产技能教育的对象不同，分为一般工种和特殊工种的安全生产技能教育。

**5. 安全事故案例教育**

安全事故案例教育是指通过一些典型安全事故实例介绍进行事故的分析和研究，从中找出引起事故的原因以及正确的预防措施，用事实来教育员工引以为戒，提高广大员工的安全意识。这是一种借用反面教材但行之有效的教育形式，但需要注意的是选择的案例一定要具有典型性和教育性，使员工明确安全事故的偶然性与必然性的关系，切勿过分渲染事故的血腥和恐怖。

## 2.2　安全教育的对象与要求

**1. 安全教育的对象**

（1）三类人员：企业主要负责人、项目负责人、专职安全员。

（2）特种作业人员：垂直运输机械作业人员、安装拆卸工、爆破作业人员、起重信号工、登高架设作业人员。

（3）新工人：接受公司、项目部、班组的三级安全教育。

（4）重新上岗工人：即指待岗、转岗、换岗的工人。

**2. 安全教育的时间要求**

根据《建筑业企业职工安全培训教育暂行规定》，建筑业企业职工每年必须接受一次专业的安全培训，具体要求如下。

（1）企业法人代表、项目经理每年不少于30学时。

（2）专职管理和技术人员每年不少于40学时。

（3）其他管理和技术人员每年不少于20学时。

（4）特殊工种每年不少于20学时。

（5）其他职工每年不少于15学时。

（6）待岗、转岗、换岗工人重新上岗前，接受一次不少于20学时的培训。

（7）新工人的公司、项目部、班组三级安全教育时间分别不少于15学时、15学时和20学时。

**3. 安全教育的内容要求**

1）三类人员安全教育的内容要求

依据建设部《建筑施工企业主要负责人、项目负责人和专职安全生产管理人员安全生产考核管理暂行规定》的要求，为贯彻落实《安全生产法》《建筑工程生产管理条例》和《安全生产许可证条例》，提高建筑施工企业主要负责人、项目负责人、专职安全生产管理人员安全生产知识水平和管理能力，保证建筑施工安全生产，对建筑施工企业三类人员进行考核认定，三类人员应当经建设行政主管部门或者其他有关部门考核合格后方可任职，考核内容主要是安全生产知识和安全管理能力。

（1）建筑施工企业主要负责人，是指对本企业日常生产和安全生产全面负责、有生产经营决策权的人员，包括企业法定代表人、经理等。其安全教育的重点如下。

① 国家有关安全生产的方针政策、法律法规、部门规章、标准及有关规范性文件，本地区有关安全生产的法规、规章、标准及规范性文件。

② 建筑施工企业安全生产管理的基本知识和相关专业知识。

③ 重、特大事故防范、应急救援措施，报告制度及调查处理方法。

④ 企业安全生产责任制和安全生产规章制度的内容、制定方法。

⑤ 国内外安全生产管理经验。

⑥ 典型事故案例分析。

（2）建筑施工企业项目负责人，是指由企业法定代表人授权，负责建设工程项目管理的项目经理或负责人等。其安全教育的重点如下。

① 国家有关安全生产的方针政策、法律法规、部门规章、标准及有关规范性文件，本地区有关安全生产的法规、规章、标准及规范性文件。

② 工程项目安全生产管理的基本知识和相关专业知识。

③ 重大事故防范、应急救援措施，报告制度及调查处理方法。

④ 企业和项目安全生产责任制和安全生产规章制度的内容、制定方法。

⑤ 施工现场安全生产监督检查的内容和方法。

⑥ 国内外安全生产管理经验。

⑦ 典型事故案例分析。

（3）建筑施工企业专职安全生产管理人员，是指在企业专职从事安全生产管理工作的人员，包括企业安全生产管理机构的负责人及其工作人员和施工现场专职安全生产管理人员。其安全教育的重点如下。

① 国家有关安全生产的方针政策、法律法规、部门规章、标准及有关规范性文件，本地区有关安全生产的法规、规章、标准及规范性文件。

② 重大事故防范、应急救援措施，报告制度，调查处理方法以及防护、救护方法。

③ 企业和项目安全生产责任制和安全生产规章制度。

④ 施工现场安全生产监督检查的内容和方法。

⑤ 典型事故案例分析。

2）特种作业人员安全教育的内容要求

特种作业人员必须按照国家有关规定，经过专业的安全作业培训，并取得特种作业资格证书后，方可上岗作业。专业的安全作业培训是指由有关主管部门组织的针对特种作业人员的培训,也就是特种作业人员在独立上岗作业前,必须进行与本工种相适应的、专业的安全技术理论学习和实际操作训练,经培训考核合格,取得特种作业操作资格证书后,才能上岗作业。特种作业人员还要接受每两年一次的继续教育和审核,经继续教育和审核合格后,方可继续从事特种作业。特种作业操作资格证书在全国范围内有效,离开特种作业岗位6个月及以上时间,应当按照规定重新进行实际操作考核,经确认合格后方可上岗作业。特种作业资格证的有效期为6年,对于未经培训考核,即从事特种作业的人员,《建设工程安全生产管理条例》第六十二条规定:"作业人员或者特种作业人员,未经安全教育培训或者经考核不合格从事相关工作造成重大安全事故,构成犯罪的,对直接责任人员,依照刑法的有关规定追究刑事责任。"

3) 新工人安全教育的内容要求

入场新工人必须接受首次三级安全生产方面的基本教育(三级安全教育),三级安全教育一般是由施工企业的安全、教育、劳动、技术等部门配合进行的,受教育者必须经过考试,合格后才准予进入施工现场作业,考试不合格者不得上岗工作,必须重新补课,并进行补考,合格后方可上岗工作。

为加深新工人对三级安全教育的感性认识和理性认识,一般规定,在新工人上岗工作6个月后,还要进行安全知识继续教育,继续教育的内容可以从入岗前三级安全教育的内容中有针对性地选择,继续教育后要进行考核,合格后方可继续上岗,考核成绩要登记到本人安全教育卡上。

**4. 安全教育的建卡要求**

企业必须给每一名职工建立安全教育卡,教育卡应记录包括三级安全教育、变换工种安全教育等的教育及考核情况,并由教育者与受教育者双方签字后入册,作为企业及施工现场安全管理资料备查。

## 2.3　安全教育的类型与方式

**1. 安全教育的类型**

1) 经常性安全教育

经常性安全教育是施工现场进行安全教育的主要形式,目的是时刻提醒和告诫职工遵规守章,提高安全意识,杜绝麻痹思想。

经常性安全教育可以采用多种形式,比如每日班前会、安全技术交底、安全活动日、安全生产会议、各类安全生产业务培训班,张贴安全生产招贴画、宣传标语和标志以及安全文化知识竞赛等,具体采用哪一种,要因地制宜,视具体情况而定,但不要摆花架子、搞形式主义。

2) 季节性安全教育

季节性安全教育主要是指夏季和冬季施工前的安全教育。夏季高温、炎热、多雷雨,是触电、雷击、坍塌等事故的高发期;冬季气候干燥、寒冷,容易发生火灾、爆炸和中毒事故。

(1) 夏季施工安全教育。夏季闷热的气候容易使人中暑,高温使得职工夜间休息不好,打乱了人体的生物钟,往往容易使人乏力、瞌睡、注意力不集中,较易引起安全事故。因此,夏季施工安全教育的重点如下。

① 用电安全教育,侧重于防触电事故教育。

② 预防雷击安全教育。

③ 大型施工机械、设施常见事故案例教育。

④ 基础施工阶段的安全防护教育,特别是基坑开挖的安全和支护安全教育。

⑤ 高温时间,"做两头、歇中间",以保证职工有充沛的精力。

⑥ 劳动保护的宣传教育,合理安排好作息时间,注意劳逸结合。

(2) 冬季施工安全教育。冬季,为了施工和取暖需要,使用明火、接触易燃易爆物品的机会增多,容易发生火灾、爆炸和中毒事故,寒冷又使人们衣着笨重、反应迟钝、动作不灵敏,也容易发生安全事故。因此,冬季施工安全教育应从以下几个方面进行。

① 针对冬季施工的特点,注重防滑、防坠落安全教育。

② 防火安全教育。

③ 现场安全用电教育,侧重于预防电器火灾教育。

④ 冬季施工,工人往往为了取暖,而紧闭门窗、封闭施工区域,因此,在员工宿舍、地下室、地下管道、深基坑、沉井等区域就寝或施工时,应加强作业人员预防中毒的自我防护意识教育,要求员工识别中毒的症状,掌握急救的常识。

3) 节假日加班安全教育

节假日由于多种原因,会使加班员工思想不集中、注意力分散,给安全生产带来隐患。节假日加班安全教育应从以下几个方面进行。

① 重点做好员工的安全思想教育,稳定操作人员的工作情绪,增强安全意识。

② 注意观察员工的工作状态和情绪,做好严禁酒后进入施工操作现场的教育。

③ 班组长和相关人员应做好班前安全教育,强调安全操作规程,提高防范意识。

④ 对较危险的部位,进行针对性的安全教育。

**2. 安全教育的方式**

一般安全教育的方式有以下几种。

(1) 召开会议,如安全培训、安全讲座、报告会、先进经验交流、安全现场会、展览会、知识竞赛等。

(2) 报刊宣传,订阅或编制安全生产方面的书报或刊物,也可编制一些安全宣传的小册子等。

(3) 音像制品,如电影、电视等。

(4) 文艺演出,如小品、相声、短剧、快板、评书等。

(5) 图片展览,如安全专题展览、板报等。

(6) 悬挂标牌或标语,如悬挂安全警示标牌、标语、宣传横幅等。

(7) 现场观摩,如现场观摩安全操作方法、应急演练等。

(8) 现代安全教育方式,如安全教育体验和 VR 虚拟体验。

安全教育的方式应当结合建筑生产的特点和员工的文化水平而定,尽可能采取丰富多彩、行之有效的教育方式,使安全教育深入每个员工的内心。

# 2.4　三级安全教育

**1. 三级安全教育的概念**

三级安全教育是指公司、项目经理部、施工班组三个层次的安全教育,是工人进场上岗前必备的过程,属于施工现场实名制管理的重要一环,也是工地管理中的核心部分之一。

**2. 三级安全教育的内容**

三级安全教育要有执行制度、培训计划,三级安全教育内容、时间及考核结果要有记录。三级安全教育的内容如下。

(1) 公司教育内容:国家和地方有关安全生产的方针、政策、法规、标准、规范、规程和企业的安全规章制度等(每年不少于 24 学时培训)。

(2) 项目经理部教育内容:工地安全制度、施工现场环境、工程施工特点及可能存在的不安全因素等(每年不少于 24 学时培训)。

(3) 施工班组教育内容:本工种的安全操作规程、事故安全剖析、劳动纪律和岗位讲评等(每年不少于 16 学时培训,如发生重大安全事故,要及时组织安全教育活动)。

**3. 三级安全教育记录卡**

三级安全教育记录卡如图 2-1 所示。

# 施工人员三级安全教育记录卡

序号:＿＿＿＿＿＿

| 姓　　名 | ＿＿＿＿＿＿ | 出生年月 | ＿＿＿＿＿＿ |
| 文化程度 | ＿＿＿＿＿＿ | 部　　门 | ＿＿＿＿＿＿ |
| 班　　组 | ＿＿＿＿＿＿ | 入场日期 | ＿＿＿＿＿＿ |
| 带教师傅 | ＿＿＿＿＿＿ | 家庭住址 | ＿＿＿＿＿＿ |

| | 三级安全教育内容 | 教育人 | 受教育人 |
|---|---|---|---|
| 一级教育 | 进行安全基本知识、法规、法制教育,主要内容是:<br>1. 党和国家的安全生产方针、政策;<br>2. 安全生产法规、标准和法制观念;<br>3. 本单位安全生产规章制度,安全纪律;<br>4. 本单位安全生产形势及历史上发生的重大事故及应吸取的教训;<br>5. 发生事故后如何抢救、保护现场和及时进行报告。 | 签名:<br><br><br>年　月　日 | 签　名:<br><br><br>年　月　日 |
| 二级教育 | 进行现场规章制度和遵章守纪教育,主要内容是:<br>1. 本单位施工特点及施工安全基本知识;<br>2. 本单位(包括施工、生产现场)安全生产制度、规定及安全注意事项;<br>3. 本工种的安全技术操作规程;<br>4. 高处作业、机械设备、电气安全基础知识;<br>5. 防火、防毒、防尘、防爆知识及紧急情况安全处置和安全疏散知识;<br>6. 防护用品发放标准及防护用品、用具使用的基本知识。 | 签名:<br><br><br>年　月　日 | 签　名:<br><br><br>年　月　日 |
| 三级教育 | 进行本工种岗位安全操作及班组安全制度、纪律教育,主要内容是:<br>1. 本班组作业特点及安全操作规程;<br>2. 班组安全活动制度及纪律;<br>3. 爱护和正确使用安全防护装置(设施)及个人劳动防护用品;<br>4. 本岗位易发生事故的不安全因素及其防范对策;<br>5. 本岗位的作业环境及使用的机械设备、工具的安全要求。 | 签名:<br><br><br>年　月　日 | 签　名:<br><br><br>年　月　日 |

图 2-1　三级安全教育记录卡

【任务思考】

## 任务工作单

（1）安全教育的主要内容有哪些？

（2）安全教育的对象有哪些？重新上岗工人安全教育的内容有哪些？

（3）安全教育的类型有哪些？冬季施工安全教育的内容有哪些？

（4）三级安全教育的内容有哪些？

（5）节假日加班安全教育的内容有哪些？

## 📖 任务练习

**1. 单项选择题**

（1）根据《建筑业企业职工安全培训教育暂行规定》，企业法定代表人、项目经理每年接受安全培训教育的时间不得少于（ ）学时。

      A. 10         B. 20         C. 30         D. 40

（2）根据《建筑业企业职工安全培训教育暂行规定》，建筑业企业新进场的工人必须接受公司、项目部和班组的三级安全培训教育，培训时间分别不得少于 15 学时、15 学时和（ ）学时，并经考核合格后方可上岗。

      A. 10         B. 20         C. 30         D. 40

（3）为加深新工人对三级安全教育的感性认识和理性认识，一般规定，在新工人上岗工作（ ）个月后，还要进行安全知识再教育。

      A. 2         B. 3         C. 6         D. 12

（4）特种作业人员需要接受每（ ）年一次的继续教育和审核，经继续教育和审核合格后，方可继续从事特种作业。

      A. 1         B. 2         C. 3         D. 4

（5）生产经营单位的特种作业人员必须经专业的安全技术培训，取得（ ），方可上岗作业。

      A. 相应资格                      B. 特种作业操作资格证书

      C. 执业证书                      D. 安全资格证书

（6）项目开工后 10 日内，项目部要组织主要作业人员进行培训、考核，集中培训时间不少于（ ）学时。

      A. 12         B. 24         C. 36         D. 48

（7）项目其他技术和管理人员每年安全教育培训时间不得少于（ ）学时。

      A. 10         B. 20         C. 30         D. 48

（8）一般员工（含外协员工及农民工）在开工前，安全教育培训时间不得少于（ ）学时，并应在公司安全质量管理部门的监督下进行。

      A. 8         B. 16         C. 24         D. 36

（9）安全教育和培训范围是（ ）。

      A. 总包单位的职工                B. 分包单位的职工

      C. 本企业的职工与分包单位职工      D. 有违章作业记录的职工

（10）生产经营单位使用被派遣劳动者的，应当将被派遣劳动者（ ）管理，对被派遣劳动者进行岗位安全操作规程和安全操作技能的教育和培训。

      A. 单独                        B. 纳入本单位从业人员统一

      C. 交由劳务派遣单位              D. 自己

**2. 多项选择题**

（1）建筑施工安全教育培训的类型应包括（ ）。

      A. 岗前教育         B. 经常性教育         C. 节假日加班安全教育

      D. 初审培训         E. 季节性安全教育

（2）《安全生产法》规定，生产经营单位在（　　）的情况下，必须对从业人员进行专业的安全生产教育和培训。

    A. 采用新工艺　　　　　　B. 采用新技术　　　　　　C. 节假日

    D. 采用新材料　　　　　　E. 使用新设备

（3）《安全生产法》规定，生产经营单位的特种作业人员上岗作业的条件和要求是（　　）。

    A. 按照国家有关规定经专业的安全技术培训

    B. 经企业培训合格

    C. 取得特种作业操作资格证书

    D. 经质监部门培训合格

    E. 取得相应学历

（4）（　　）属于安全教育内容中的安全生产技能教育。

    A. 安全技术要求

    B. 安全操作规程

    C. 本企业生产经营的基本情况

    D. 施工操作工艺

    E. 个人劳动防护用品的正确使用和佩戴常识

（5）（　　）等特种作业人员，必须按照国家有关规定经过专业的安全技术培训，并取得特种作业操作资格证书后，方可上岗作业。

    A. 垂直运输机械作业人员　　　　　　B. 质量检查人员

    C. 爆破作业人员　　　　　　　　　　D. 起重信号工

    E. 登高架设作业人员

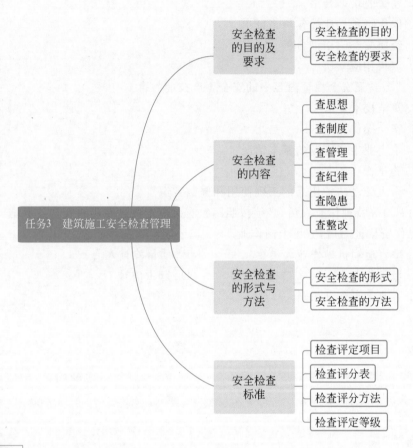

安全检查的目的及要求 —— 安全检查的目的
—— 安全检查的要求

安全检查的内容 —— 查思想
—— 查制度
—— 查管理
—— 查纪律
—— 查隐患
—— 查整改

任务3 建筑施工安全检查管理

安全检查的形式与方法 —— 安全检查的形式
—— 安全检查的方法

安全检查标准 —— 检查评定项目
—— 检查评分表
—— 检查评分方法
—— 检查评定等级

## 知识目标

1. 熟悉安全检查的目的及要求。

2. 掌握安全检查的内容。

3. 掌握安全检查的形式与方法。

4. 掌握安全检查评定项目、检查评分表、检查评分方法和检查评定等级。

## 能力目标

1. 能复述《建筑施工安全检查标准》(JGJ 59—2011)中规定的安全检查评定项目。

2. 能对某建筑施工现场进行安全检查,根据《建筑施工安全检查标准》(JGJ 59—2011)进行评分。

3. 能进行建筑施工安全检查管理。

**素质目标**

1. 树立"安全第一、预防为主""关注安全、关爱生命"的职业情感。

2. 培养"公平、公正、实事求是"的职业精神。

**相关知识链接**

1. 安全检查的目的及要求。

2. 安全检查的内容。

3. 安全检查的形式与方法。

4. 安全检查评定项目、检查评分表、检查评分方法和检查评定等级。

建筑施工安全
检查管理

**职业素养养成**

通过安全检查知识的学习,树立"安全第一、预防为主""关注安全、关爱生命"的职业情感;依据《建筑施工安全检查标准》(JGJ 59—2011),复述该安全检查标准中的安全检查评定项目,并对某建筑施工现场进行安全检查并评分,培养"公平、公正、实事求是"的职业精神。

**情境创设**

通过建筑施工安全检查视频,引导学生思考该建筑施工安全检查视频中事故发生的原因是什么? 强调安全教育的重要性,特别是要树立"安全第一、预防为主""关注安全、关爱生命"的职业情感。

建筑施工
安全检查

# 3.1 安全检查的目的及要求

**1. 安全检查的目的**

安全检查的目的是及时了解和掌握安全生产情况,及时发现事故隐患,从而采取对策,消除不安全因素,保障生产安全,做到防患于未然。

**2. 安全检查的要求**

1) 检查标准

上级已制定标准的,执行上级标准,还没有制定统一行业标准的,应根据有关规范、规定,制定本单位的"企业标准",做到检查考核和安全评价有衡量准则,有科学依据。

2) 检查手段

尽量采用检测工具进行实测实量,用数据说话,有些机器、设备的安全保险装置还应进行动作试验,检查其灵敏度与可靠性,检查中发现有危及人身安全的继发性事故隐患,应立即指令停止作业,迅速采取措施排除险情。

3) 检查记录

每次安全检查都应认真、详细地做好记录,特别是检测数字,这是安全评价的依据;同时还应将每次对各单项设施、机械设备的检查结果分别记入单项安全台账,目的是根据每次记录情况对其进行安全动态分析,强化安全管理。

4）安全评价

检查人员要根据检查记录认真、全面地进行系统分析,定性、定量地进行安全评价,要明确哪些项目已达标,哪些项目需要完善,存在哪些隐患等;要及时提出整改要求,下达隐患整改通知书。

5）隐患整改

隐患整改是安全检查工作的重要环节,隐患整改工作包括隐患登记、整改、复查、销案。隐患应逐条登记,写明隐患的部位、严重程度和可能造成的后果及查出隐患的日期。有关单位、部门必须及时按"三定"（即定措施、定人、定时间）要求,落实整改;负责整改的单位、人员完成整改工作后,要及时向安全部门汇报,安全部门及有关部门应派人进行复查,符合安全要求后销案。

## 3.2　安全检查的内容

**1. 查思想**

查思想主要检查建筑企业的各级领导和职工对安全生产工作的认识。检查企业的安全时,要首先检查企业领导是否真正重视劳动保护和安全生产,即检查企业领导对劳动保护是否有正确的认识,是否真正关心职工的安全与健康,是否认真贯彻了国家劳动保护方针、政策、法规、制度。在检查的同时,要注意宣传这些法规的精神,批判各种忽视工人安全与健康、违章指挥的错误思想与行为。

**2. 查制度**

查制度就是监督检查各级领导、各个部门、每个职工的安全生产责任制是否健全并严格执行,各项安全制度是否健全并认真执行,安全教育制度是否认真执行,是否做到新工人入场"三级"安全教育、特种作业人员定期训练,安全组织机构是否健全,安全管理网络是否真正发挥作用,对发生的事故是否认真查明事故原因、教育职工、严肃处理、制订防范措施,做到"四不放过"等。

**3. 查管理**

查管理就是检查工程的安全生产管理是否有效,企业安全机构的设置是否符合要求,目标管理、全员管理、专管成线、群管成网是否落实,安全管理工作是否做到了制度化、规范化、标准化和经常化。

**4. 查纪律**

查纪律就是监督检查生产过程中的劳动纪律、工作纪律、操作纪律、工艺纪律和施工纪律,生产岗位上有无迟到早退、脱岗、串岗、打盹睡觉,有无在工作时间干私活,做与生产、工作无关的事,有无在施工中违反规定和禁令的情况,如不办动火票就动火,不经批准乱动土、乱动设备管道,车辆随便进入危险区,施工占用消防通道,乱动消火栓和乱安电源等。

**5. 查隐患**

查隐患是指检查人员深入施工现场,检查作业现场是否符合安全生产、文明生产的要求,如安全通道是否畅通,建筑材料、半成品的存放是否合理,各种安全防护设施是否齐全。要特别注意对一些要害部位和设备的检查,如脚手架、深基坑、塔式起重机、施工电梯、井架等。

**6. 查整改**

查整改主要是检查对过去提出问题的整改情况,如整改是否彻底,安全隐患消除情况,避免再次出现安全隐患的措施,整改项目是否落实到人等。

## 3.3　安全检查的形式与方法

**1. 安全检查的形式**

安全检查的形式包括定期检查、班组检查、季节性检查、专业性检查、日常检查和验收检查。

**2. 安全检查的方法**

建筑施工安全检查在正确使用安全检查表的基础上,可以采用"听""问""看""量""测""运转试验"等方法进行。

(1) 听:听取基层管理人员或施工现场安全员汇报安全生产情况,介绍现场安全工作经验、存在的问题以及发展方向。

(2) 问:主要是指通过询问、提问,对以项目经理为首的现场管理人员和操作工人进行的应知应会抽查,以便了解现场管理人员和操作工人的安全知识和安全素质。

(3) 看:主要是指查看施工现场安全管理资料和对施工现场进行巡视,例如,查看项目负责人、专职安全管理人员、特种作业人员等的持证上岗情况,现场安全标志设置情况,劳动防护用品使用情况,现场安全防护情况,现场安全设施及机械设备安全装置配置情况等。

(4) 量:主要是指使用测量工具对施工现场的一些设施、装置进行实测实量,例如,对脚手架各种杆件间距的测量,对现场安全防护栏杆高度的测量,对电气开关箱安装高度的测量,对在建工程与外电边线安全距离的测量等。

(5) 测:主要是指使用专用仪器、仪表等监测器具对特定对象关键特性技术参数的测试,例如,使用漏电保护器测试仪对漏电保护器漏电动作电流、漏电动作时间的测试,使用地阻仪对现场各种接地装置接地电阻的测试,使用兆欧表对电机绝缘电阻的测试,使用经纬仪对起重机、外用电梯安装垂直度的测试等。

(6) 运转试验:主要是指由具有专业资格的人员对机械设备进行实际操作、试验,检验其运转的可靠性或安全限位装置的灵敏性,例如,对起重机力矩限制器、变幅限位器、起重限位器等安全装置的试验,对施工电梯制动器、限速器、上下极限限位器、门连锁装置等安全装置的试验,对龙门架超高限位器、断绳保护器等安全装置的试验等。

## 3.4　安全检查标准

为了科学地评价建筑施工安全生产情况,提高安全生产工作和文明施工的管理水平,预防伤亡事故的发生,确保职工的安全和健康,实现检查评价工作的标准化、规范化,住房和城乡建设部于 2011 年发布了《建筑施工安全检查标准》(JGJ 59—2011)(以下简称《标准》),该标准适用于房屋建筑工程施工现场安全生产的检查评定。

**1. 检查评定项目**

《标准》规定:对建筑施工中易发生伤亡事故的主要环节、部位和工艺等的完成情况做安全检查评价时,应采用检查评分表的形式,分为安全管理、文明施工、脚手架、基坑工程、模板支架、高处作业、施工用电、物料提升机与施工升降机、塔式起重机与起重吊装和施工机具共10 个分项,19 张检查评分表和 1 张检查评分汇总表。

**2. 检查评分表**

检查评分表具体包括:安全管理检查评分表、文明施工检查评分表、扣件式钢管脚手架检查评分表、门式钢管脚手架检查评分表、碗扣式钢管脚手架检查评分表、承插型盘扣式钢管脚手架检查评分表、满堂脚手架检查评分表、悬挑式脚手架检查评分表、附着式升降脚手架检查评分表、高处作业吊篮检查评分表、基坑工程检查评分表、模板支架检查评分表、高处作业检查评分表、施工用电检查评分表、物料提升机检查评分表、施工升降机检查评分表、塔式起重机检查评分表、起重吊装检查评分表和施工机具检查评分表。

检查评分表的结构形式分为两类,一类是自成体系的,包括安全管理、文明施工、脚手架、基坑工程、模板支架、施工用电、物料提升机与施工升降机、塔式起重机与起重吊装八项检查评分表,设立了保证项目和一般项目,保证项目是检查评定项目中对施工人员生命、设备设施及环境安全起关键性作用的项目,是安全检查的重点和关键,满分 60 分;一般项目是指检查评定项目中除保证项目以外的其他项目,满分 40 分。另一类是各检查项目之间无相互的逻辑关系,因此没有列出保证项目,如高处作业和施工机具两张检查表。

检查评分表的评分规定如下。

(1)各分项检查评分表中,满分为 100 分,表中各检查项目得分应为按规定检查内容所得分数之和,每张表总得分应为各自表内各检查项目实得分数之和。

(2)在检查评分中,遇有多个脚手架、起重机、龙门架与井字架等时,则该项得分应为各单项实得分数的算术平均值。

(3)检查评分不得采用负值,各检查项目所扣分数总和不得超过该项应得分数。

(4)在检查评分中,当保证项目中有一项不得分或保证项目小计得分不足 40 分时,此检查评分表不应得分,从而突出了对重大安全隐患"一票否决"的原则。

**3. 检查评分方法**

对 10 个分项内容检查的结果进行汇总,即得汇总表中所得分值,以此来确定和评价工程项目的安全生产工作情况,如表 3-1 所示的建筑施工安全检查评分汇总表,满分 100 分,各分项检查表在汇总表中所占的满分分值应分别为:文明施工 15 分,安全管理、脚手架、基坑工程、模板支架、高处作业、施工用电、物料提升机与施工升降机、塔式起重机与起重吊装分别为 10 分,施工机具为 5 分。

表 3-1　建筑施工安全检查评分汇总表

企业名称：　　　　　　　　　　　资质等级：　　　　　　　　　　　　年　月　日

| 单位工程(施工现场)名称 | 建筑面积/m² | 结构类型 | 总计得分(满分分值100分) | 项目名称及分值 | | | | | | | | | |
|---|---|---|---|---|---|---|---|---|---|---|---|---|---|
| | | | | 安全管理(满分10分) | 文明施工(满分15分) | 脚手架(满分10分) | 基坑工程(满分10分) | 模板支架(满分10分) | 高处作业(满分10分) | 施工用电(满分10分) | 物料提升机与施工升降机(满分10分) | 塔式起重机与起重吊装(满分10分) | 施工机具(满分5分) |
| | | | | | | | | | | | | | |

| 评语： |
|---|
| |

| 检查单位 | | 负责人 | | 受检项目 | | 项目经理 | |
|---|---|---|---|---|---|---|---|

汇总表中分值的计算方法如下。

（1）汇总表中各项实得分值计算方法。

$$各分项实得分值＝某分项在汇总表中应得满分值×某分项在检查$$
$$评分表中实得分÷100$$

【例 3-1】　"文明施工"检查评分表实得 88 分，换算在汇总表中"文明施工"分项实得分为多少？

解："文明施工"分项实得分＝15×88÷100＝13.20（分）

（2）汇总表中遇有缺项时，汇总表总分值计算方法。

$$总得分值＝（实际检查项目实得分总和÷实际检查项目应得分总和）×100$$

【例 3-2】　某工地没有起重机，则起重机在汇总表中有缺项，其他各分项检查在汇总表的实得分为 86 分，计算该工地汇总表实得分为多少？

解：遇有缺项时汇总表总得分＝86÷90×100≈95.56（分）

（3）检查评分表中遇有缺项时，评分表合计分计算方法。

$$评分表得分＝某子项目实得分值之和÷某子项目应得分值之和×100$$

【例 3-3】　"施工用电"检查评分表中，"外电防护"缺项（该项应得分值为 20 分），其他各项检查实得分为 65 分，计算该评分表实得多少分？换算到汇总表中应为多少分？

解：缺项的"施工用电"评分表得分＝65÷（100－20）×100＝81.25（分）

汇总表中"施工用电"分项实得分＝10×81.25÷100≈8.13（分）

（4）对有保证项目的检查评分表，当保证项目中有一项不得分时，该评分表为 0 分，如果保证项目缺项时，保证项目小计得分不足 40 分，评分表为 0 分，具体计算方法：实得分与应得分之比小于 66.7%（40/60≈66.7%）时，评分表得 0 分。

【例 3-4】　如在施工用电检查表中，外电防护这一保证项目缺项（该项为 20 分），其余的"保证项目"检查实得分合计为 22 分（应得分值为 40 分），该分项检查表是否能得分？

解：因为其余的保证项目实得分÷其余的保证项目应得分×100%＝22÷40×100%＝55%＜66.7%，所以该"施工用电"检查表为 0 分。

### 4. 检查评定等级

建筑施工安全检查评分，应以汇总表的总得分及保证项目达标与否，作为对一个施工现场安全生产情况的评定依据。按汇总表的总得分和分项检查评分表的得分，将建筑施工安全检查评定划分为优良、合格、不合格三个等级。

建筑施工安全检查评定的等级划分应符合下列规定。

（1）优良，检查结果评定为优良应同时满足：分项检查评分表无0分，汇总表得分值应在80分及以上。

（2）合格，检查结果评定为合格应同时满足：分项检查评分表无0分，汇总表得分值应在80分以下，70分及以上。

（3）不合格，检查结果满足下列条件之一的，即评定为不合格。

① 当汇总表得分值不足70分时。

② 当有一分项检查评分表得0分时。

当建筑施工安全检查评定的等级为不合格时，必须限期整改达到合格。

"检查评分表未得分"与"检查评分表缺项"是两个不同的概念，"缺项"是指检查施工现场无此项检查内容，而"未得分"是指有此项检查内容，但实得分为0分。建筑施工现场经过检查评定如果确定为不合格，说明在工地的安全管理上存在着重大安全隐患，这些隐患如果不及时整改，可能诱发重大事故，直接威胁员工的生命和企业财产安全，因此依据《标准》评定为不合格的施工现场必须立即限期整改，达到合格标准后方可继续施工。

【任务思考】

**任务工作单**

(1) 安全检查的目的及要求有哪些？

_____

_____

_____

_____

(2) 安全检查的内容有哪些？

_____

_____

_____

_____

_____

(3) 安全检查的形式有哪些？

_____

_____

_____

_____

_____

_____

(4) 什么是安全检查方法中的"运转试验"？

_____

_____

_____

_____

_____

(5)《建筑施工安全检查标准》(JGJ 59—2011)中规定的安全检查评定项有哪些？

_____

_____

_____

_____

**任务练习**

1. 单项选择题

（1）安全检查的要求首先应有明确的（    ）、内容及检查标准、重点、关键部位，对大面积或数量多的项目可采取系统的观感和一定数量的测点相结合的检查方法。

　　A. 检查人员和检测工具　　　　　　　　B. 检查人员和检查时间

　　C. 检查人员和检查项目　　　　　　　　D. 检查目的和检查项目

（2）施工现场经常性的安全检查方式包括现场（    ）及安全值班人员每天例行开展的安全巡视、巡查。

　　A. 项目经理　　　　　　　　　　　　　B. 专业工长

　　C. 专（兼）职安全生产管理人员　　　　D. 项目技术负责人

（3）（    ）不属于建筑工程施工安全检查的主要形式内容。

　　A. 专项检查　　　　　　　　　　　　　B. 专业性安全检查

　　C. 设备设施安全验收检查　　　　　　　D. 质量检查

（4）建筑工程施工应开展（    ）的安全检查工作，以便于及时发现并消除事故隐患，保证施工生产正常进行。

　　A. 经常性　　　　B. 预防性　　　　C. 专项　　　　D. 全面

（5）查安全措施主要是检查现场安全措施计划及（    ）的编制、审核、审批及实施情况。

　　A. 施工组织设计

　　B. 各项安全专项施工方案

　　C. 施工组织设计和各项安全专项方案

　　D. 施工组织设计和各项安全技术方案

（6）文明施工分项检查表在安全检查评分汇总表中所占的满分分值为（    ）分。

　　A. 5　　　　　　　B. 10　　　　　　　C. 15　　　　　　　D. 20

（7）建筑施工安全检查评定结论为优良的标准：①分项检查评分表无 0 分，②汇总表得分值应在（    ）分及以上。

　　A. 75　　　　　　B. 80　　　　　　　C. 85　　　　　　　D. 90

（8）建筑施工安全检查评定结论为不合格的标准：①汇总表得分值不足（    ）分，②有一分项检查评分表为 0 分。

　　A. 60　　　　　　B. 65　　　　　　　C. 70　　　　　　　D. 75

（9）施工机具分项检查表在安全检查评分汇总表中所占的满分分值为（    ）分。

　　A. 5　　　　　　　B. 10　　　　　　　C. 15　　　　　　　D. 20

（10）在建筑施工安全检查评定时，评分应采用扣减分值的方法时，扣减分值总和不得（    ）该检查项目的应得分值。

　　A. 超过　　　　　B. 等于　　　　　C. 低于　　　　　D. 超过或等于

（11）文明施工检查评定保证项目应包括：现场围挡、封闭管理（    ）、材料管理、现场办公与住宿、现场防火。一般项目包括：综合治理、公示标牌、生活设施、社区服务。

　　A. 施工场地　　　B. 施工宿舍　　　C. 中心料库　　　D. 项目驻地

（12）某工地建筑施工安全检查评分汇总表中总得分为 81 分时，该工地的安全等级被评为（　　）。

    A. 合格　　　　　　B. 优良　　　　　　C. 基本优良　　　　D. 良好

**2. 多项选择题**

（1）安全检查是安全生产管理工作的一项重要内容，是安全生产工作中发现不安全状况和不安全行为的有效措施，是（　　）的重要手段。

    A. 消除事故隐患　　　　　　B. 改善劳动条件　　　　C. 落实整改措施

    D. 做好安全技术交底　　　　E. 防止伤亡事故发生

（2）安全检查的主要形式包括（　　）。

    A. 定期安全检查　　　　　　B. 经常性安全检查　　　C. 专项（业）安全检查

    D. 季节性、节假日安全检查　　E. 三级安全检查

（3）暴风雪及台风、暴雨后，应对高处作业安全设施逐一加以检查，发现有（　　）现象时应立即修理完善。

    A. 违章　　　　B. 松动　　　　C. 变形　　　　D. 损坏　　　　E. 脱落

（4）对安全检查制度主要内容的叙述，正确的是（　　）。

    A. 安全检查组织及人员的组成　B. 安全检查的目的　　　C. 隐患整改与复查

    D. 经济效益　　　　　　　　　E. 社会效益

（5）属于安全检查隐患整改"三定"原则的有（　　）。

    A. 定计划　　　B. 定人　　　C. 定时间　　　D. 定措施　　　E. 定效果

# 任务 4 施工现场文明施工管理

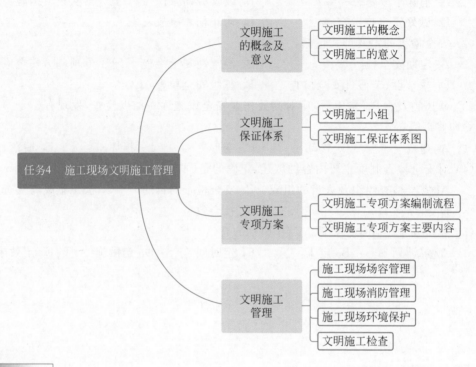

## 知识目标

1. 熟悉文明施工的概念及意义。
2. 熟悉文明施工保证体系。
3. 掌握文明施工专项方案的内容。
4. 掌握文明施工管理的内容。
5. 掌握施工现场场容管理和文明施工检查。

## 能力目标

1. 能编制施工现场文明施工方案。
2. 能检查某建筑施工现场文明施工专项方案的内容是否符合要求。
3. 能利用文明施工检查表对施工现场文明施工管理进行控制。

## 素质目标

1. 树立"以人为本、安全发展"的理念。
2. 树立"文明施工、绿色施工"的意识,强调生态文明建设的重要性。

## 相关知识链接

1. 文明施工的概念及意义。
2. 文明施工保证体系。
3. 文明施工专项方案的内容。
4. 文明施工管理的内容。
5. 施工现场场容管理和文明施工检查。

施工现场文明
施工管理

## 职业素养养成

通过施工现场文明施工管理知识的学习,提高安全意识,树立"以人为本、安全发展"的理念;编制施工现场文明施工方案,并检查某建筑施工现场文明施工专项方案的内容是否符合要求,依据《建筑施工安全检查标准》(JGJ 59—2011)中的文明施工检查表,对某施工现场文明施工管理进行控制,树立"文明施工、绿色施工"的意识,强调生态文明建设的重要性。

## 情境创设

文明施工
安全标准化
仿真教学

通过文明施工安全标准化仿真教学视频,引导学生思考如何做好文明施工安全标准化,文明施工、绿色施工的重要性,树立"文明施工、绿色施工"的意识。

# 4.1 文明施工的概念及意义

**1. 文明施工的概念**

文明施工是指在建设工程施工过程中,成立文明施工小组,建立文明施工管理体系,采取相应措施,保持施工现场良好的作业环境、卫生环境和工作秩序,避免对作业人员身心健康及周围环境产生不良影响的活动过程。

**2. 文明施工的意义**

(1)文明施工是企业文化的体现。

(2)文明施工是体现项目管理水平的标志之一。

(3)文明施工是企业争取客户的重要手段。

(4)文明施工有利于培养一支高素质的施工队伍。

# 4.2 文明施工保证体系

文明施工是施工单位、建设单位、监理单位、材料供应单位等参建各方的共同目标和共同责任。其中施工单位是文明施工的主体,是主要责任者,必须成立文明施工小组,建立文明施工保证体系,明确分工,以保证文明施工计划的有效实施,图 4-1 为文明施工保证体系图。

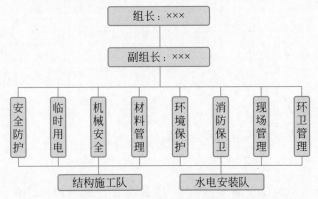

图 4-1　文明施工保证体系图

# 4.3　文明施工专项方案

建设工程开工前，施工单位必须将文明施工纳入施工组织设计，编制文明施工专项方案，制定相应的文明施工措施，并确保文明施工措施经费的投入，指导文明施工管理。

**1. 文明施工专项方案编制流程**

文明施工专项方案应由工程项目技术负责组织人员编制，送施工单位技术部门的专业技术人员审核，报施工单位技术负责人审批，经项目总监理工程师（建设项目负责人）审查同意后执行。

**2. 文明施工专项方案主要内容**

文明施工专项方案主要内容包括以下几个方面。

（1）施工现场平面布置图。

（2）施工现场围挡的设计。

（3）临时建筑物、构筑物、道路场地硬化等单体的设计。

（4）现场污水排放、现场给水系统设计。

（5）粉尘、噪声控制措施。

（6）现场卫生及安全保卫措施。

（7）施工区域内及周边地上建筑物、构筑物及地下管网的保护措施。

（8）事故专项应急救援预案。

# 4.4　文明施工管理

## 4.4.1　施工现场场容管理

**1. 施工现场平面布置与划分**

施工现场按照功能划分为施工作业区、辅助作业区、材料堆放区和办公生活区。

（1）施工现场办公生活区与作业区分开设置，并保持安全距离。

（2）办公生活区应当设置在在建建筑物半径之外，与作业区之间设置防护措施，进行明显的划分隔离，以免人员误入危险区域。

（3）办公生活区如果设置在在建建筑物坠落半径之内，必须采取可靠的防砸措施。

（4）施工现场功能区在规划设置时还应考虑交通、水电、消防和卫生、环保等因素。

**2. 场容场貌**

1）施工现场场地（图 4-2）

（1）场地整平，无障碍物，无坑洼和凹凸不平，不积水，适当绿化。

（2）具有良好的排水系统，设置排水沟及沉淀池，现场废水不得直接排入市政污水管网和河流。

（3）现场存放的油料、化学溶剂等设有专门库房，地面进行防渗漏处理。

（4）地面经常洒水，对粉尘源进行覆盖遮挡。

图 4-2　施工现场场地

2）施工现场道路（图 4-3）

（1）道路应畅通，有循环干道，满足运输、消防要求。

（2）主干道平整坚实，有排水措施，以保证不沉陷，不扬尘，防止泥土带入市政道路。

（3）主干道宽度不小于 3.5m，载重汽车转弯半径不小于 15m。

（4）道路的布置要与现场的材料堆放区、吊车位置相协调。

（5）施工现场主要道路应利用永久性道路。

图 4-3　施工现场道路

3）现场围挡

（1）围挡沿工地四周连续设置，不得留有缺口，以确保围挡的稳定性、安全性。

（2）围挡用材应坚固、稳定、整洁、美观，宜选用砌体、金属板材等硬吸材料，不宜使用彩布条、竹笆或安全网。

（3）施工现场的围挡一般应高于 1.8m。

（4）禁止在围挡内侧堆放泥土、砂石等散状材料以及钢管、模板等，严禁将围挡做挡土墙使用。

（5）雨后、大风后及春融季节应检查围挡的稳定性，发现问题及时处理。

4）封闭管理

（1）施工现场应有固定的出入口，出入口处应设置大门。

（2）施工现场的大门应牢固美观，大门上应标有企业名称或企业标识。

（3）出入口处应当设置专职门卫、保卫人员，制定门卫管理制度及交接班记录制度。

5）临时建设

（1）办公室

办公室布局应合理，文件资料归类存放，并建立卫生值日制度，保持室内清洁卫生。

（2）职工宿舍

① 宿舍选择在通风、干燥的位置，防止雨水、污水流入。

② 不得在尚未竣工建筑物内设置员工集体宿舍。

③ 宿舍必须设置可开启式窗户，设置外开门。

④ 宿舍内保证有必要的生活空间，室内净高不得小于 2.4m，通道宽度不得小于 0.9m，每间宿舍居住人员不应超过 16 人。

⑤ 宿舍内的单人铺不得超过 2 层，严禁使用通铺，床铺应高于地面 0.3m，人均床铺面积不得小于 1.9m×0.9m，床铺间距不得小于 0.3m。

⑥ 宿舍内设置生活用品专柜，宿舍内严禁存放施工材料、施工机具和其他杂物。

⑦ 宿舍周围应搞好环境卫生，设置垃圾桶，生活区内应为作业人员提供晾晒衣物的场地，房屋外应道路平整，晚间有充足的照明。

⑧ 寒冷地区冬季宿舍应有保暖、防煤气中毒措施，炎热季节应有消暑、防蚊虫叮咬措施。

⑨ 制定宿舍管理责任制，轮流负责卫生管理或安排专人管理。

（3）食堂

① 食堂选择在通风、干燥的位置，防止雨水、污水流入，保持环境卫生，远离厕所、垃圾站、有毒有害场所等污染源所在的地方，装修材料必须符合环保、消防要求。

② 食堂应设置独立的制作间、储藏间。

③ 食堂应配备必要的排风设施和冷藏设施，安装纱门纱窗，室内不得有蚊蝇，门下方应设不低于 0.2m 的防鼠挡板。

④ 食堂的燃气罐应单独设置存放间，存放间应通风良好并严禁存放其他物品。

⑤ 食堂制作间灶台及其周边贴瓷砖，瓷砖的高度不小于 1.5m；地面做硬化和防滑处理，按规定设置污水排放设施。

⑥ 食堂外设置密闭式垃圾桶，应及时清运，保持清洁。

⑦ 制定食堂卫生责任制，责任落实到人，加强管理。

（4）厕所

① 厕所大小根据施工现场作业人员的数量设置。

② 高层建筑施工若超过 8 层，应每隔 4 层设置临时厕所。

③ 厕所地面硬化，门窗齐全。蹲坑间设置隔板，隔板高度不宜低于 0.9m。

④ 厕所设专人负责，定时进行清扫、冲刷、消毒，防止蚊蝇滋生，化粪池应及时清掏。

（5）淋浴间

① 施工现场应设置男女淋浴间与更衣间，淋浴间地面应做防滑处理，淋浴喷头数量应按不少于住宿人员数量的 5% 设置，排水、通风良好，寒冷季节应供应热水。更衣间应与淋浴间隔离，设置挂衣架、橱柜等。

② 淋浴间照明器具采用防水头、防水开关，并设置漏电保护装置。

③ 淋浴室应专人管理，经常清理，保持清洁。

（6）料具管理

① 木方等材料应分规格型号码放成垛，地面应平整坚实，堆放高度一般不得超过 1.6m。

② 砖和砌块等材料应码放整齐，砖码放高度不得超过 1.5m，砌块材料码放高度不得超过 1.8m。

③ 钢筋必须分类码放，标识清晰准确，应当堆放整齐，用方木垫起，不宜放在潮湿环境中和暴露在外受雨水冲淋。

④ 水泥、灰粉等易飞扬材料必须专库密闭存放。

⑤ 砂应成堆，石子应当按不同粒径规格分别成堆。

**3. 施工标牌与安全标志**

（1）施工标牌（五牌一图，图 4-4）：工程概况牌、管理人员名单监督电话牌、安全生产牌、消防保卫牌、文明施工牌和施工现场平面布置图。

图 4-4 施工标牌

（2）安全警示标志：提醒人们注意的各种标牌、文字、符号及灯光。一般来说，安全警示标志包括安全色和安全标志：安全色分为红、黄、蓝和绿四种颜色，分别表示禁止、警告、指令和提示；安全标志分为禁止、警告、指令和提示标志。

（3）安全警示标志的设置与悬挂。根据国家有关规定，施工现场入口处、施工起重机械、临时用电设施、脚手架、安全通道、楼梯口、电梯井口、空洞口、桥梁口、隧道口、基坑边沿、爆破物及危害危险气体存放处等危险部位，应当设置明显的安全警示标志。

### 4.4.2 施工现场消防管理

（1）施工现场应建立消防安全管理制度、制定消防措施。

（2）施工现场临时用房和作业场所的防火设计应符合规范要求。

（3）施工现场应设置消防通道、消防水源，并应符合规范要求。

（4）施工现场灭火器材应保证可靠有效，布局配置应符合规范要求。

（5）明火作业应履行动火审批手续，配备动火监护人员。

### 4.4.3 施工现场环境保护

为了保护环境、防止环境污染，有关法律规定，建设单位与施工单位在施工过程中要保护施工现场环境，防止对自然环境造成不应有的破坏；采取控制施工现场的各种粉尘、废气、废水、固体废弃物及噪声、振动对环境的污染和危害的措施，主要从防治大气污染、防治水污染、防治施工噪声污染、防治施工照明污染、防治施工固体废弃物污染五个方面落实有效的措施。

### 4.4.4 文明施工检查

依据《建筑施工安全检查标准》（JGJ 59—2011）的规定，文明施工检查有以下要求。

**1. 文明施工检查评定项目**

保证项目应包括：现场围挡、封闭管理、施工场地、材料管理、现场办公与住宿、现场防火。

一般项目应包括：综合治理、公示标牌、生活设施、社区服务。

**2. 保证项目的检查评定应符合的规定**

1）现场围挡

（1）市区主要路段的工地应设置高度不小于 2.5m 的封闭围挡。

（2）一般路段的工地应设置高度不小于 1.8m 的封闭围挡。

（3）围挡应坚固、稳定、整洁、美观。

2）封闭管理

（1）施工现场进出口应设置大门，并应设置门卫值班室。

（2）应建立门卫职守管理制度，并应配备门卫职守人员。

（3）施工人员进入施工现场应佩戴工作卡。

（4）施工现场出入口应标有企业名称或标识，并应设置车辆冲洗设施。

3）施工场地

（1）施工现场的主要道路及材料加工区地面应进行硬化处理。

（2）施工现场道路应畅通，路面应平整坚实。

（3）施工现场应有防止扬尘措施。

（4）施工现场应设置排水设施，且排水通畅无积水。

（5）施工现场应有防止泥浆、污水、废水污染环境的措施。

（6）施工现场应设置专门的吸烟处，严禁随意吸烟。

（7）温暖季节应有绿化布置。

4）材料管理

（1）建筑材料、构件、料具应按总平面布局进行码放。

（2）材料应码放整齐，并应标明名称、规格等。

（3）施工现场材料码放应采取防火、防锈蚀、防雨等措施。

（4）建筑物内施工垃圾的清运，应采用器具或管道运输，严禁随意抛掷。

（5）易燃易爆物品应分类储藏在专用库房内，并应制定防火措施。

5）现场办公与住宿

（1）施工作业区、材料存放区与办公生活区应划分清晰，并应采取相应的隔离措施。

（2）在施工的工程、伙房、库房不得兼做宿舍。

（3）宿舍、办公用房的防火等级应符合规范要求。

（4）宿舍应设置可开启式窗户，床铺不得超过2层，通道宽度不应小于0.9m。

（5）宿舍内住宿人员人均面积不应小于$2.5m^2$，且不得超过16人。

（6）冬季宿舍内应有采暖和防一氧化碳中毒措施。

（7）夏季宿舍内应有防暑降温和防蚊蝇措施。

（8）生活用品应摆放整齐，环境卫生应良好。

6）现场防火

（1）施工现场应建立消防安全管理制度、制定消防措施。

（2）施工现场临时用房和作业场所的防火设计应符合规范要求。

（3）施工现场应设置消防通道、消防水源，并应符合规范要求。

（4）施工现场灭火器材应保证可靠有效，布局配置应符合规范要求。

（5）明火作业应履行动火审批手续，配备动火监护人员。

3. 一般项目的检查评定应符合的规定

1）综合治理

（1）生活区内应设置供作业人员学习和娱乐的场所。

（2）施工现场应建立治安保卫制度、责任分解落实到人。

（3）施工现场应制订治安防范措施。

2）公示标牌

（1）大门口处应设置公示标牌，主要内容应包括：工程概况牌、消防保卫牌、安全生产牌、文明施工牌、管理人员名单及监督电话牌、施工现场总平面图。

（2）标牌应规范、整齐、统一。

（3）施工现场应有安全标语。

（4）应有宣传栏、读报栏、黑板报。

3）生活设施

（1）应建立卫生责任制度并落实到人。

（2）食堂与厕所、垃圾站、有毒有害场所等污染源的距离应符合规范要求。

（3）食堂必须有卫生许可证，炊事人员必须持身体健康证上岗。

（4）食堂使用的燃气罐应单独设置存放间，存放间应通风良好，并严禁存放其他物品。

（5）食堂的卫生环境应良好，且应配备必要的排风、冷藏、消毒、防鼠、防蚊蝇等设施。

（6）厕所内的设施数量和布局应符合规范要求。

（7）厕所必须符合卫生要求。

（8）必须保证现场人员卫生饮水。

（9）应设置淋浴室，且能满足现场人员需求。

（10）生活垃圾应装入密闭式容器内，并应及时清理。

4）社区服务

（1）夜间必须经批准后方可进行施工。

（2）施工现场严禁焚烧各类废弃物。

（3）施工现场应制定防粉尘、防噪声、防光污染等措施。

（4）应制定施工不扰民措施。

**4. 文明施工检查评分**

文明施工检查是文明施工管理的控制措施，通过文明施工检查评分表（表 4-1），对施工现场围挡、封闭管理、施工场地、现场材料、现场住宿、现场防火、治安综合治理、施工现场标牌、生活设施、保健急救、社区服务进行检查，及时发现不符合规定的或不安全因素，采取有效的防范措施，确保工程文明施工有效进行。

表 4-1　文明施工检查评分表

| 序号 | 检查项目 | | 扣分标准 | 应得分数 | 扣减分数 | 实得分数 |
|---|---|---|---|---|---|---|
| 1 | 保证项目 | 现场围挡 | 在市区主要路段的工地周围未设置高于 2.5m 的封闭围挡扣 10 分；<br>一般路段的工地周围未设置高于 1.8m 的封闭围挡扣 10 分；<br>围挡材料不坚固、不稳定、不整洁、不美观扣 5～7 分；<br>围挡没有沿工地四周连续设置扣 3～5 分 | 10 | | |
| 2 | | 封闭管理 | 施工现场出入口未设置大门扣 3 分；<br>未设置门卫室扣 2 分；<br>未设门卫或未建立门卫制度扣 3 分；<br>进入施工现场不佩戴工作卡扣 3 分；<br>施工现场出入口未标有企业名称或标识，且未设置车辆冲洗设施扣 3 分 | 10 | | |
| 3 | | 施工场地 | 现场主要道路未进行硬化处理扣 5 分；<br>现场道路不畅通、路面不平整坚实扣 5 分；<br>现场作业、运输、存放材料等采取的防尘措施不齐全、不合理扣 5 分；<br>排水设施不齐全或排水不通畅、有积水扣 4 分；<br>未采取防止泥浆、污水、废水外流或堵塞下水道和排水河道措施扣 3 分；<br>未设置吸烟处、随意吸烟扣 2 分；<br>温暖季节未进行绿化布置扣 3 分 | 10 | | |

续表

| 序号 | 检查项目 | | 扣 分 标 准 | 应得分数 | 扣减分数 | 实得分数 |
|---|---|---|---|---|---|---|
| 4 | 保证项目 | 现场材料 | 建筑材料、构件、料具不按总平面布局码放扣4分；<br>材料布局不合理、堆放不整齐、未标明名称、规格扣2分；<br>建筑物内施工垃圾的清运,未采用合理器具或随意凌空抛掷扣5分；<br>未做到工完场地清扣3分；<br>易燃易爆物品未采取防护措施或未进行分类存放扣4分 | 10 | | |
| 5 | | 现场住宿 | 在建工程、伙房、库房兼做住宿扣8分；<br>施工作业区、材料存放区与办公生活区不能明显划分扣6分；<br>宿舍未设置可开启式窗户扣4分；<br>未设置床铺、床铺超过2层、使用通铺、未设置通道或人员超编扣6分；<br>宿舍未采取保暖和防煤气中毒措施扣5分；<br>宿舍未采取消暑和防蚊蝇措施扣5分；<br>生活用品摆放混乱、环境不卫生扣3分 | 10 | | |
| 6 | | 现场防火 | 未制定消防措施、制度或未配备灭火器材扣10分；<br>现场临时设施的材质和选址不符合环保、消防要求扣8分；<br>易燃材料随意码放、灭火器材布局、配置不合理或灭火器材失效扣5分；<br>未设置消防水源(高层建筑)或不能满足消防要求扣8分；<br>未办理动火审批手续或无动火监护人员扣5分 | 10 | | |
| | | 小 计 | | 60 | | |
| 7 | 一般项目 | 治安综合治理 | 生活区未给作业人员设置学习和娱乐场所扣4分；<br>未建立治安保卫制度、责任未分解到人扣3~5分；<br>治安防范措施不利,常发生失盗事件扣3~5分 | 8 | | |
| 8 | | 施工现场标牌 | 大门口处设置的"五牌一图"内容不全、缺一项扣2分；<br>标牌不规范、不整齐扣3分；<br>未张挂安全标语扣5分；<br>未设置宣传栏、读报栏、黑板报扣4分 | 8 | | |
| 9 | | 生活设施 | 食堂与厕所、垃圾站、有毒有害场所距离较近扣6分；<br>食堂未办理卫生许可证或未办理炊事人员健康证扣5分；<br>食堂使用的燃气罐未单独设置存放间或存放间通风条件不好扣4分；<br>食堂的卫生环境差、未配备排风、冷藏、隔油池、防鼠等设施扣4分；<br>厕所的数量或布局不满足现场人员需求扣6分；<br>厕所不符合卫生要求扣4分；<br>不能保证现场人员卫生饮水扣8分；<br>未设置淋浴室或淋浴室不能满足现场人员需求扣4分；<br>未建立卫生责任制度、生活垃圾未装容器或未及时清理扣3~5分 | 8 | | |

续表

| 序号 | 检查项目 | | 扣 分 标 准 | 应得分数 | 扣减分数 | 实得分数 |
|---|---|---|---|---|---|---|
| 10 | 一般项目 | 保健急救 | 现场未制定相应的应急预案，或预案实际操作性差扣6分；<br>未设置经培训的急救人员或未设置急救器材扣4分；<br>未开展卫生防病宣传教育或未提供必备防护用品扣4分；<br>未设置保健医药箱扣5分 | 8 | | |
| 11 | | 社区服务 | 夜间未经许可施工扣8分；<br>施工现场焚烧各类废弃物扣8分；<br>未采取防粉尘、防噪声、防光污染措施扣5分；<br>未建立施工不扰民措施扣5分 | 8 | | |
| 小 计 | | | | 40 | | |
| 检查项目合计 | | | | 100 | | |

【任务思考】

## 任务工作单

（1）文明施工的概念及意义是什么？

_____

_____

_____

_____

_____

（2）文明施工专项方案主要内容有哪些？

_____

_____

_____

_____

_____

（3）文明施工管理的内容有哪些？

_____

_____

_____

_____

_____

（4）文明施工检查表中的检查项目有哪些？

_____

_____

_____

_____

_____

（5）如何做好文明施工安全标准化？

_____

_____

_____

_____

任务练习

1. 单项选择题

（1）施工现场应设"五牌一图"，其中"一图"是指（　　）。

    A. 施工现场平面布置图　　　　　　B. 建筑工程效果图

    C. 施工现场安全标志平面图　　　　D. 施工现场排水平面图

（2）下列文明施工检查评分表中的检查项目不属于保证项目的是（　　）。

    A. 现场围挡　　　　　　　　　　　B. 封闭管理

    C. 施工现场标牌　　　　　　　　　D. 现场防火

（3）施工现场动火证由（　　）审批。

    A. 公司安全科　　　　　　　　　　B. 项目技术负责人

    C. 项目负责人　　　　　　　　　　D. 安全员

（4）《安全生产法》规定，生产经营单位应当在较大危险因素的生产经营场所和有关设施、设备上，设置明显的（　　）。

    A. 安全宣传标语　　　　　　　　　B. 安全宣教挂图

    C. 安全警示标志　　　　　　　　　D. 登记备案标志

（5）进入施工现场要戴（　　），超过（　　）m 高空作业必须挂好安全带，不达到上述条件，严禁上岗作业。

    A. 安全帽　2　　　　　　　　　　B. 施工许可证　2

    C. 安全帽　3　　　　　　　　　　D. 施工许可证　3

（6）施工现场的场地可以采用（　　）方式适当硬化。

    A. 必须做混凝土地面

    B. 有条件的做混凝土地面，无条件的可以采用石屑、焦渣、砂头等方式硬化

    C. 不得采用石屑、焦渣、砂头等方式硬化

    D. 素土即可

（7）下列关于施工场地划分的叙述，不正确的是（　　）。

    A. 施工现场的办公区、生活区应当与作业区分开设置

    B. 办公生活区应当设置在在建建筑物坠落半径之外，否则，应当采取相应措施

    C. 生活区与作业区之间进行明显的划分隔离，是为了美化场地

    D. 功能区在规划设置时还应考虑交通、水电、消防和卫生、环保等因素

（8）下列关于施工现场的叙述，不正确的是（　　）。

    A. 施工现场应具有良好的排水系统，废水不得直接排入市政污水管网和河流

    B. 现场存放的油料、化学溶剂等应设有专门的库房，地面应进行防渗漏处理

    C. 为了美化环境和防止扬尘，暖季应适当绿化

    D. 地面应保持干燥清洁

（9）下列关于建筑施工现场办公、生活等临时设施的选址的叙述，不正确的是（　　）。

    A. 不能满足安全距离要求的，任何情况下都不能设置

    B. 应考虑与作业区相隔离，周边环境必须具有安全性，如不得设置在高压线下

    C. 不得设置在沟边、崖边、河流边、强风口处、高墙下

D. 不得设置在滑坡、泥石流等灾害地质带上和山洪可能冲击到的区域

(10) 一般临时设施区域,每 100m² 配备(　　)个 10L 灭火器。

A. 2　　　　　　B. 3　　　　　　C. 4　　　　　　D. 5

(11) 下列对施工现场场地清理的叙述,不正确的是(　　)。

A. 作业区及建筑物楼层内,要做到工完场清

B. 各楼层清理的垃圾应当集中起来,定时运走

C. 施工现场的垃圾应分类集中堆放

D. 垃圾最应当用器具装载清运,严禁高处抛撒

(12) 建筑施工现场的围挡高度,一般路段应高于(　　)m。

A. 1.5　　　　　　B. 1.8　　　　　　C. 2.0　　　　　　D. 2.5

**2. 多项选择题**

(1) 施工现场的场地应当清除障碍物,适当硬化,做到(　　)。

A. 场地平整坚实　　　　B. 雨季不积水　　　　C. 大风天不扬尘

D. 四季绿化　　　　　　E. 无坑洼

(2) 文明施工不损坏他人的劳动成果,交叉作业时要相互谦让,保持工作场地(　　)。

A. 清洁、有序　　　　　B. 废料要归库、归堆　　　　C. 不乱扔乱放

D. 坚持日做日清　　　　E. 工完场清

(3) 建筑施工现场消防安全责任制度,应当明确(　　)等要求,并逐级落实防火责任制。

A. 消防水源　　　　　　B. 消防安全管理程序　　　　C. 消防安全责任人

D. 消防安全培训　　　　E. 消防安全要求

(4) 施工现场动火作业前必须申请办理动火证,动火证必须注明(　　)等内容。

A. 动火地点、时间　　　B. 动火人　　　　C. 现场监护人

D. 批准人　　　　　　　E. 防火措施

(5) 施工现场围挡应沿工地四周连续设置,使用的材料应(　　)。

A. 能够循环使用　　　　B. 稳定　　　　C. 整洁

D. 坚固　　　　　　　　E. 美观

# 任务 5  智慧工地安全管理应用

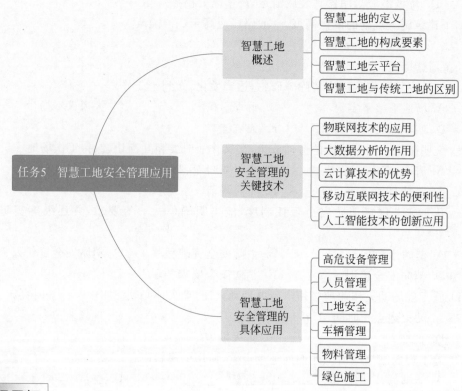

## 知识目标

1. 熟悉智慧工地的定义与构成。

2. 熟悉智慧工地云平台。

3. 掌握智慧工地安全管理的关键技术。

4. 熟悉智慧工地安全管理的应用场景。

## 能力目标

1. 能够将所学的物联网、大数据、云计算等技术应用到智慧工地安全管理的实际场景中。

2. 能对智慧工地采集的数据进行分析，为安全管理决策提供支持。

3. 能对智慧工地安全管理进行具体的应用。

## 素质目标

1. 强化"生命至上、安全第一"的理念,培养安全意识和责任感。

2. 树立技术服务于民生的使命感,形成严谨、创新的工程职业素养,激发创新意识和对科技的探索精神。

## 相关知识链接

1. 智慧工地定义与构成。

2. 智慧工地云平台。

3. 智慧工地安全管理的关键技术。

4. 智慧工地安全管理的应用场景。

智慧工地概述　　智慧工地安全　　智慧工地安全
　　　　　　　管理的关键技术　　管理的应用场景

## 职业素养养成

通过智慧工地沙盘模拟事故场景,强化"生命至上、安全第一"的理念,培养学生在工程建设中的安全意识和责任感;通过理解智慧工地对推动智慧城市建设、绿色低碳发展的社会价值,树立技术服务于民生的使命感;通过智慧工地安全管理的具体应用,形成严谨、创新的工程职业素养,激发学生的创新意识和对科技的探索精神。

## 情境创设

通过智慧工地视频,引导学生走进智慧工地的世界,思考智慧工地具体是如何定义的? 由哪些要素构成? 智慧工地和传统工地有哪些区别?

智慧工地视频

# 5.1　智慧工地概述

**1. 智慧工地的定义**

智慧工地是指利用物联网、大数据等技术,对施工现场进行实时监控、数据分析和智能管理的新型工地管理模式。它通过整合多种先进技术,实现施工现场的智能化管理,提升施工效率和安全性(图 5-1)。

**2. 智慧工地的构成要素**

智慧工地包括物联网设备(传感器、摄像头等)、大数据分析平台、云计算中心、移动互联网应用以及人工智能算法。这些要素相互配合,形成一个完整的智慧工地系统,覆盖人员、设备、环境等管理环节。

图 5-1　智慧工地概念图

### 3. 智慧工地云平台

围绕建筑工地安全质量、智能视频监控、人员实名制管理、物料、设备监视、环保等各方面管理，集成涉及人、机、料、法、环等系统于一体的综合管理云平台，对现场工地进行一体化、可视化、智慧化管理（图 5-2）。

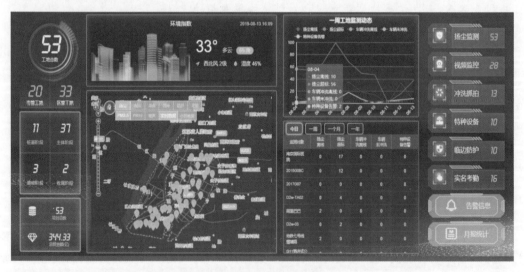

图 5-2　智慧工地运行图

### 4. 智慧工地与传统工地的区别

（1）传统工地主要依靠人工巡查和经验管理，存在效率低、隐患多等问题。

（2）智慧工地通过技术手段实现自动化监控和智能决策，能够及时发现并处理安全隐患，提高管理效率和精准度。

## 5.2　智慧工地安全管理的关键技术

### 5.2.1　物联网技术的应用

**1. 人员定位与轨迹追踪**

通过在工人安全帽或工作服上安装定位芯片,实时掌握人员位置和行动轨迹;当人员进入危险区域时,系统自动报警,及时提醒工人和管理人员,有效避免安全事故。

**2. 设备运行状态监测**

在施工设备上安装传感器,实时监测设备的运行参数,如温度、压力、振动等;一旦发现异常,系统及时预警,提前进行维护保养,防止设备故障引发事故。

**3. 环境参数监测**

利用传感器监测施工现场的环境参数,如粉尘浓度、噪声强度、有害气体含量等;当环境参数超过安全标准时,系统自动启动通风、降噪等设备,保障施工环境安全。

### 5.2.2　大数据分析的作用

**1. 安全隐患挖掘与预警**

(1)对采集到的海量数据进行分析,挖掘潜在的安全隐患,如人员违规操作、设备故障趋势等。

(2)提前发出预警信息,提醒管理人员采取措施,预防事故的发生。

**2. 安全管理决策支持**

(1)根据数据分析结果,为安全管理提供决策支持,如优化人员配置、调整施工计划等。

(2)帮助管理人员科学决策,提高安全管理效率和精准度。

**3. 安全事故原因分析**

(1)对已发生的事故进行数据分析,快速找出事故原因,为事故调查和处理提供依据。

(2)总结经验教训,完善安全管理措施,防止类似事故再次发生。

### 5.2.3　云计算技术的优势

**1. 强大的计算能力**

云计算平台能够提供强大的计算能力,快速处理海量的工地数据,支持复杂的数据分析和模型计算,确保智慧工地系统的高效运行。

**2. 灵活的存储解决方案**

提供灵活的存储方案,满足智慧工地系统对数据存储的需求,数据存储在云端,便于管理和共享,同时保证数据的安全性和可靠性。

**3. 系统的可扩展性**

云计算平台具有良好的可扩展性，能够根据智慧工地系统的业务需求进行动态扩展。随着工地规模的扩大和业务的增加，系统可以灵活调整资源配置，保证系统的稳定运行。

### 5.2.4 移动互联网技术的便利性

**1. 移动端实时监控**

（1）管理人员和施工人员可以通过手机、平板等移动设备随时随地查看工地信息，包括人员位置、设备状态、环境参数等。

（2）实现远程监控和管理，及时发现问题并处理，提高管理效率。

**2. 移动端信息交互**

（1）利用移动互联网技术，实现施工现场各参与方之间的信息交互，如任务分配、问题反馈、安全提醒等。

（2）提高信息传递的及时性和准确性，促进协同工作。

**3. 移动端应急指挥**

在发生安全事故时，管理人员可以通过移动设备快速启动应急预案，进行应急指挥和调度，及时组织救援力量，减少事故损失。

### 5.2.5 人工智能技术的创新应用

**1. 安全帽佩戴检测**

（1）利用人工智能图像识别技术，自动检测工人是否正确佩戴安全帽。

（2）对未佩戴安全帽的工人进行实时提醒，确保工人遵守安全规定。

**2. 危险区域入侵检测**

（1）通过视频监控和人工智能算法，自动识别人员是否进入危险区域。

（2）一旦发现人员误入危险区域，系统立即报警并采取措施，防止事故发生。

**3. 安全风险预测与评估**

（1）基于历史数据和机器学习算法，对施工现场的安全风险进行预测和评估。

（2）提前制订针对性的安全措施，降低事故发生概率。

## 5.3 智慧工地安全管理的具体应用

智慧工地安全管理的具体应用主要包括高危设备管理、人员管理、工地安全、车辆管理、物料管理、绿色施工六个方面（图5-3）。

（1）高危设备管理包括对塔吊、升降机、卸料平台、高支模、脚手架、深基坑的管理。

（2）人员管理包括劳务实名制、人脸识别系统、智能安全帽、考勤管理、工地一卡通、AI智能识别。

（3）工地安全包括用电安全管理、四口五临边监控、周界监控、火焰烟雾识别报警、全景监控。

（4）车辆管理包括车辆出入识别、车辆黑白名单、车辆定位管理、车辆维护管理、车辆资产库。

（5）物料管理包括大面积混凝土测温、物料计量、物料区域监控、验收与入库、用料分析。

（6）绿色施工包括扬尘噪声监测、自动喷淋系统、临水临电监测、有害气体监测、气象监测、视频图像监测。

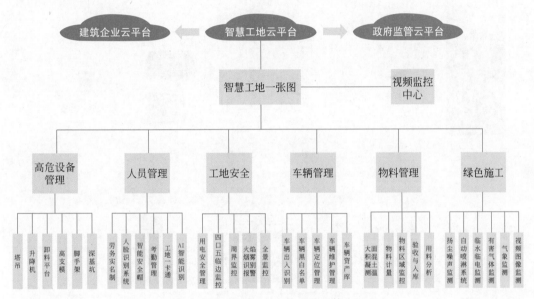

图 5-3　智慧工地安全管理的具体应用

## 5.3.1　高危设备管理

**1. 塔吊管理**

作为工地"人、机、料、法、环"中重要的要素之一,塔吊安全监控及预警基于物联网传感器、嵌入式、数据采集和融合、无线传输、远程数据通信等技术研发,能高效率地完整实现塔机实时监控与声光预警报警、数据远传功能,并对司机违章操作发生预警、报警,有效避免和减少安全事故的发生(图 5-4)。

**2. 升降机管理**

施工升降机安全监控管理基于物联网传感网、嵌入式、数据采集和融合、无线传输、远程数据通信等技术研发,能高效率地完整实现施工升降机实时监控与声光预警报警、数据远传功能,并在司机违章操作发生预警、报警的同时,自动终止施工升降机危险动作,有效避免和减少安全事故的发生(图 5-5)。

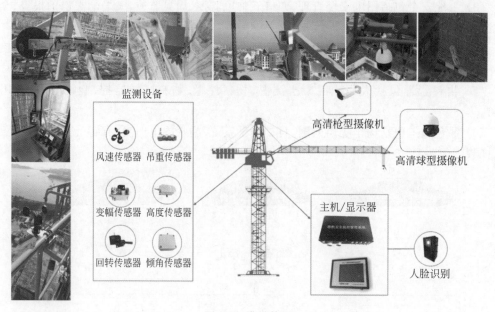

图 5-4 塔吊管理

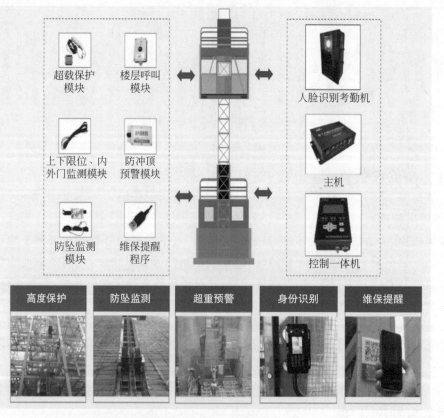

图 5-5 升降机管理

### 3. 卸料平台管理

当物料放置在卸料平台上时,安装在主钢丝绳上的测力传感器产生形变,并输出与重量相一致的信号,信号经主机处理后显示当前钢丝绳受力值,当钢丝绳承重超过设定报警值时,主机内置蜂鸣器会发出报警提示。卸料平台管理功能有:司机身份人脸识别,规避非法人员操作;超载超员报警,保障安全作业;楼层、速度、重量等参数监测;支持远程锁车,无须到场操作(图5-6)。

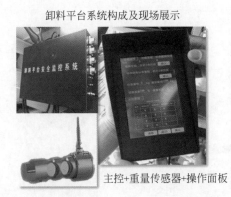

图 5-6　卸料平台管理

### 4. 高支模/脚手架管理

通过前端传感器对高大模板的模板沉降、支架变形和立杆轴力进行实时监测支持实时监测、超限预警、危险报警等功能,并向关键用户提供高支模监测的专业分析报表分析终端对数据进行实时计算,并及时将支模架的危险状态通过声光报警和边缘节点通知相关人员(图5-7)。

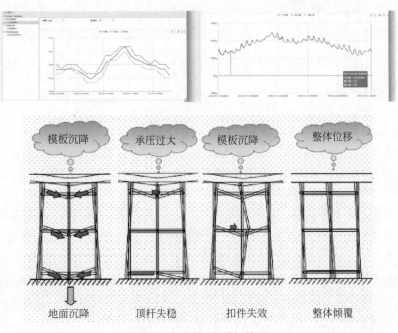

图 5-7　高支模/脚手架管理

　　高大模板支撑系统在混凝土浇筑过程中和浇筑后一段时间内，由于受压可能发生一定的沉降和位移，如变化过大可能发生垮塌事故。为及时反映高支模支撑系统的变化情况，预防事故的发生，需要对支撑系统进行沉降和位移监测。

　　**5. 深基坑管理**

　　通过预埋土压力计、支撑应力计等传感设备以及全站仪、水准仪等监测设备实现深基坑水平位移、支撑轴力、锚索应力、水位等数据的实时监测（图 5-8）。

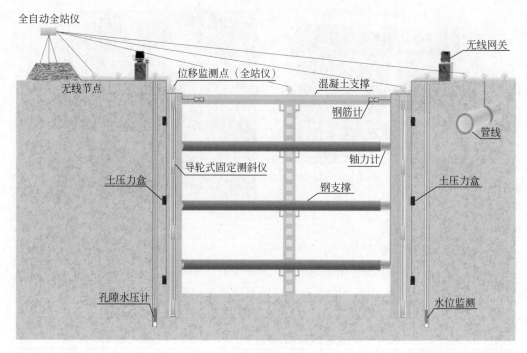

图 5-8　深基坑管理

## 5.3.2　人员管理

　　**1. 劳务实名制**

　　（1）确保人员信息真实性。实名录入劳务人员信息，包括姓名、身份证号、户籍、工种、岗位技能证书等，做实劳务管理与服务标准化资料，严格规范劳务人员身份登记识别，节约管理时间和经济成本（图 5-9）。

　　（2）减少和避免劳务纠纷。劳务实名制与门禁考勤结合，系统自动记录劳务人员考勤，解决了劳务纠纷发生时项目部没有原始工人考勤依据而难以处理等问题，促使工资发放有据可查。

　　（3）提高工地管理的安全系数。进入工地的所有人员都经过实名验证，非相关人员不可随意进入工地现场，工地的安全管理得以保证。关键区域通过授权＋实名认证进入，进一步提高安全管理等级。

　　（4）降低管理成本，提高管理效率。减少现场安全管理人员数量，提高掌握现场情况的效率和准确性。同时利用信息化工具统计可用工人数量、工种比例、地域分布等相关数据，为企业下一步的用工决策提供相关数据依据(图 5-10)。

图 5-9　实名制通道

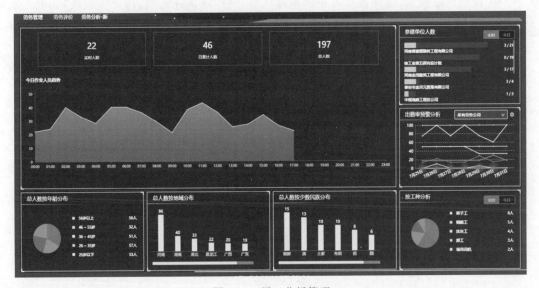

图 5-10　用工分析管理

**2. 人脸识别系统**

运用人脸识别技术，实现工地人员实名管理，规范工人管理，牢牢掌握在场工人的身份、培训、考勤数量等信息，便于工地动态管理。主要包括特殊设备作业安全—人脸认证、出入口管理—人脸通行、施工安全培训—人脸签到、安全防控—黑名单布控、门禁考勤管理—人脸考勤(图 5-11)。

**3. 智能安全帽**(图 5-12)

(1) 脱帽监测：工地施工人员安全意识薄弱，经常会不戴安全帽，工地中高空经常掉落物体导致工人受伤，智能安全帽能实现脱帽自动监测，达到实时预警的目的。

(2) 实名制考勤：安全帽是工人进入工地必戴的防护用具，戴上安全帽实现无卡考勤。

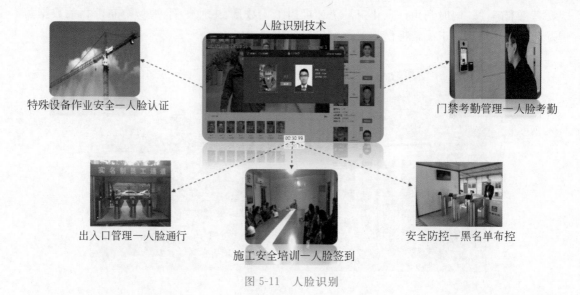

图 5-11　人脸识别

（3）危险区域报警：工地现场有很多危险区域，例如深基坑区域、高处作业区域、电气设备和线路区域等。这些危险区域没有警报提醒会出现人员事故，通过安全帽报警提示，能有效预防危险行为并及时制止。

（4）人员定位：确认人员具体在哪里，如果出事故能及时了解人员位置，加快人员搜救工作，在 PC 端可以看到人员分布，了解每个工种人员分布，记录并上传时间和位置，绘制全天移动轨迹，有效优化施工人员管理。

（5）人员滞留提醒：提供人员进入工地现场长时间没有出来的异常提醒，辅助项目对人员安全监测。

（6）异常状态提醒：当出现人员晕倒或受外物撞击等情况时，可实时报警，通知相关单位和人员及时救援。

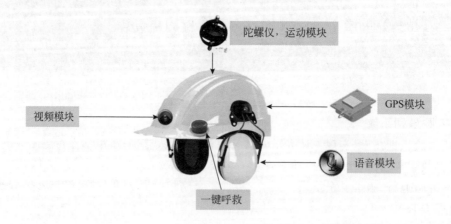

图 5-12　智能安全帽

### 4. 异常行为 AI 智能识别

JetLinks-Edge 边缘计算节点内置 AI 智能识别技术，自动检测识别安全帽、防护服、安全绳等安全施工工具,对没有穿戴、穿戴不合规等违规作业情况,现场通过联动警示灯、语音播报的方式及时提示,同时上传违规图片和信息,也通过声光的方式通知控制中心的管理人员,对违规行为及时介入处理,预防安全事故发生(图 5-13)。

安全帽识别　　工服识别　　反光衣识别　　安全绳识别

图 5-13　AI 智能识别

## 5.3.3　工地安全

### 1. 用电安全管理

基于当前施工现场由对引起用电安全隐患的主要因素进行实时在线监测和统计分析,对施工工地所有配电箱做开门提醒预警,预防电箱违规开启,准确及时发现电气火灾故障隐患,有效防止工程人员伤亡及重大财产损失事件的发生,达到消除潜在电气火灾安全隐患的目的(图 5-14)。

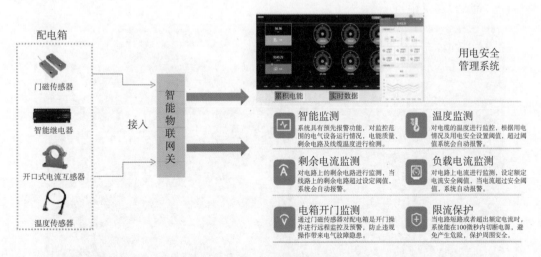

图 5-14　用电安全管理

### 2. 四口/五临边监测及预警

通过视频智能 AI 识别和便携式防护装置,针对施工现场"四口"(楼梯口、电梯口、预留洞口、通道口）、"五临边"（沟、坑、槽和深基础周边，楼层周边，楼梯侧边，平台或阳台边，屋面周边）的智能监测分析及现场预警提醒（图 5-15）。

图 5-15　四口/五临边监测及预警

**3. 周界监控**（图 5-16）

（1）非法翻越围栏监测。

（2）人员进入车辆专用门口监测。

（3）周界人员徘徊行为监测。

（4）周界人员轨迹分析。

（5）红外监控。

（6）星光、黑光摄像机监控。

（7）广角摄像机监控大面积区域。

（8）工地场景可视化。

图 5-16　周界监控

#### 4. 火焰烟雾识别报警

火灾探测主要针对可燃物料区、仓储等热源探测和烟雾识别等，预防早期火灾，做到早发现、早报警、早定位、早处理。工地出现类似紧急事件时，可利用紧急一键式报警器发出警报，结合公共广播系统对工程管理部和工人之间提供信息传输通道，及时地将需要公告的讯号（如报警）无阻碍地传送给工人，不受工人主动性的影响（图 5-17）。

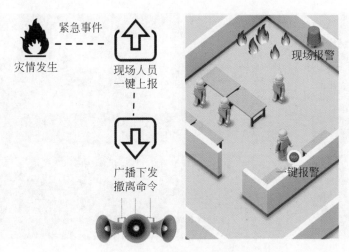

图 5-17　火焰烟雾识别报警

#### 5. 全景监控（图 5-18）

（1）安装部署于整个工地最高点，如塔吊处，可覆盖整个工地作业面。

（2）采用黑光或超低照度相机，高清红外相机。

（3）360 度全景掌控，任意缩放，实现无死角监控。

（4）在极低照度下，呈现亮如白昼的彩色画质。

（5）全过程、多方位、及时有效地掌握现场施工动态情况。

（6）可在工地发生重大事故时配合应急指挥调度工作。

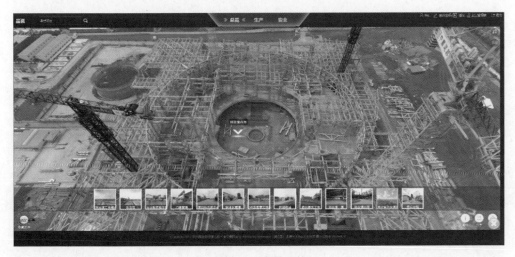

图 5-18　全景监控

### 5.3.4 车辆管理

**1. 车辆出入识别**

智能车辆进出系统对进出工地车辆进行抓拍和统计,便于问题追溯(图 5-19)。

图 5-19 车辆出入识别

**2. 车辆黑/白名单管理**

现场车牌采集终端,将车辆通道进出口的渣土车号牌、加盖、清洗等信息进行采集,通过互联网把数据上传到智慧工地平台,启用车辆黑/白名单管理,对通关车辆进行快速有效地甄别,对白名单车辆快速放行,对黑名单车辆提前预警,有效提高工地安全系数。

**3. 车辆定位管理**

通过内置 GPS 和车载控制器获取更丰富的信息完成定位追踪和监控的需求,车辆的远程管理和调度通过车载显示器的方式和驾驶员沟通和管理(图 5-20)。

图 5-20 车辆定位管理

**4. 车辆维护管理**

（1）保养规则编制：根据车辆属性，编制各型车辆的保养规则。

（2）保养计划定时推送：根据注册车辆信息和保养规则，编制保养计划，并定时推送给相关责任人，提醒其准备进行车辆保养。

（3）移动端维修呼叫：移动应用提供专门的维修呼叫功能，当车辆出现故障，无法开回维修车间时，呼叫相应的维修班组人员，前往施工现场维修车辆。

（4）车辆维修保养管理：记录维修班组对车辆的维修信息，比如故障情况、维修人员、消耗备件等。

**5. 车辆资产库**

（1）车辆管理全透明：通过车辆信息注册归档，使车辆信息电子化，车辆使用、保养、维修等管理透明化，进出工地权限化，大大地提高车辆管理效率和管理水平。

（2）车辆统计清晰便捷：通过智能道闸对车辆的识别和放行，可有效统计每日工地施工车辆的进出数据。能更清晰地了解当前工地内所有车辆的运行情况，方便调度中心对车辆进行统一调配。

（3）维修服务便捷化：通过移动终端进行一键报修，简单快捷。可以方便维修班组成员快速定位故障车辆，及时进行抢修工作，也为后续的车辆维修提供知识积累，提高车辆维修水平。

## 5.3.5　物料管理

**1. 大体积混凝土测温**

大体积混凝土一般出现的问题，不是力学上的结构问题，而是由于温度变化而产生的裂缝，导致混凝土的抗渗、抗裂、抗侵蚀的性能下降，影响整个结构的耐久性（图 5-21）。

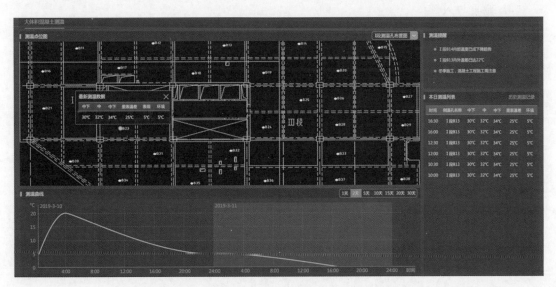

图 5-21　大体积混凝土测温

**2. 物料计量**

结合物料库系统,对过磅材料进行管理,结合网络传输系统、图像监控抓拍系统、自动化控制系统、智能提示系统、远程语音对讲系统、车辆信息自动识别系统、红外定位系统等建设智能称重管理系统(图 5-22)。

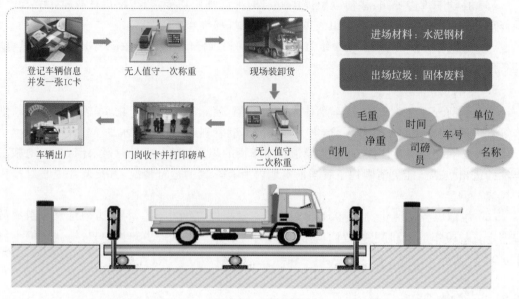

图 5-22　物料计量

**3. 物料区域监控**

材料及贵重设备存放区域部署高清摄像头,实时监控施工现场建筑材料和设备财产安全,通过材料搬移、物品遗留等视频智能化分析算法,实现实时预警,防止偷盗及物品遗落。

**4. 验收与入库**

实时掌握当日、当月收发料数据,对偏差情况预警、对收料类别分析、对供应商进行排名,全面掌握物资验收情况。

**5. 用料分析**

通过对材料的进场、领用的动态管理,系统实时比对材料预算、进场和消耗的结果,自动生成直观的柱状图。达到实时了解材料用量、降低材料成本和避免材料浪费的目的。

## 5.3.6　绿色施工

**1. 扬尘噪声监测**

依据"尘不离地、土不出场"的原则,在工地周界布置扬尘噪声在线监测设备及喷淋降尘设备,按照当地环保的标准,设置阈值,超限预警,启动喷淋预案。

**2. 自动喷淋系统**

根据现场的环境情况,通过降尘喷淋优化施工环境,多种喷淋方式混合形成立体式喷洒,效果更好,效率更高,更省水(图 5-23)。

| | |
|---|---|
| 塔吊高空喷淋 | 地面围挡喷淋 |
| 车辆喷淋 | 地面移动雾炮喷淋 |

图 5-23  自动喷淋系统

**3. 临水临电监测**

临水临电监测子系统采用先进的物联网技术,开创了水、电计量设备"互联网+"的新模式,可以进行水电实时计量、数据统计、异常报警统计。

**4. 有害气体监测**

对现场实时侦测有毒有害气体的浓度,将相关数据上传控制主机。有毒有害气体达到一定浓度时,报警主机向现场发出报警信号,疏散现场操作人员,减少人员伤亡,减少施工隐患(图 5-24)。

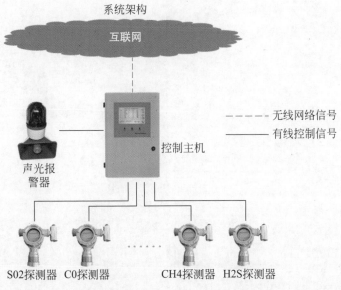

图 5-24  有害气体监测

**5. 气象监测**

通过传感器获取到的环境温度参数，实时上传给信息平台，信息平台根据设定的阈值，自动判定环境是否继续施工（图5-25）。

风力、温度、湿度传感器　　　　　　　系统实时获取数据

图 5-25　气象监测

**6. 视频图像监测**

通过将现场工况数据（温度、湿度、压力、容量、流量浓度等传感信息）叠加到视频上传至监控中心，并可以对此类数据进行处理操作，准确省心。

在工地车辆进出口安装视频监控，对渣土车进出工地进行实时管控，很大程度上解决了工地扬尘污染防治不力，渣土车管理不规范造成的城市环境污染（图5-26）。

图 5-26　视频图像监测

【任务思考】

## 任务工作单

（1）智慧工地的定义是什么？构成要素有哪些？

（2）智慧工地云平台的概念是什么？

（3）简述智慧工地与传统工地的区别。

（4）简述智慧工地安全管理的关键技术。

（5）简述智慧工地在人员管理方面的应用。

**任务练习**

1. 单项选择题

(1) 智慧工地与传统工地的主要区别在于(　　　)。

　　A. 完全依赖人工巡查

　　B. 通过技术手段实现自动化监控和智能决策

　　C. 仅使用传统机械设备

　　D. 不涉及环境参数监测

(2) 以下是物联网技术在智慧工地中的应用的是(　　　)。

　　A. 历史事故数据分析　　　　　　　B. 工人安全帽佩戴检测

　　C. 实时监测塔吊运行参数　　　　　D. 编制车辆保养规则

(3) 智慧工地云平台的核心功能不包括(　　　)。

　　A. 环保管理　　　　　　　　　　　B. 人员实名制管理

　　C. 施工现场人工记账　　　　　　　D. 设备状态可视化监控

(4) 智能安全帽的功能不包括(　　　)。

　　A. 人员定位与轨迹追踪　　　　　　B. 自动启动喷淋系统

　　C. 脱帽监测与报警　　　　　　　　D. 异常状态提醒(如晕倒)

(5) 以下属于绿色施工监测内容的有(　　　)。

　　A. 塔吊倾斜角度　　　　　　　　　B. 扬尘浓度与噪声强度

　　C. 脚手架承重数据　　　　　　　　D. 车辆黑白名单管理

(6) 大数据分析在智慧工地中的作用是(　　　)。

　　A. 直接控制设备运行　　　　　　　B. 挖掘安全隐患并提供决策支持

　　C. 替代人工巡查　　　　　　　　　D. 仅用于事故后追责

(7) 卸料平台管理中,超载报警的依据是(　　　)。

　　A. 摄像头识别物料体积　　　　　　B. 测力传感器检测钢丝绳受力值

　　C. 工人手动上报重量　　　　　　　D. GPS 定位数据

(8) 移动互联网技术在智慧工地中的便利性体现在(　　　)。

　　A. 仅支持现场操作　　　　　　　　B. 通过手机远程监控和应急指挥

　　C. 完全依赖有线网络　　　　　　　D. 无法实现信息交互

(9) 高支模/脚手架管理的核心监测参数是(　　　)。

　　A. 工人考勤记录　　　　　　　　　B. 模板沉降与立杆轴力

　　C. 车辆出入次数　　　　　　　　　D. 混凝土温度

(10) 劳务实名制管理的主要目的是(　　　)。

　　A. 提高设备运行效率　　　　　　　B. 减少劳务纠纷并确保人员信息真实性

　　C. 替代安全帽功能　　　　　　　　D. 自动调节环境参数

2. 多项选择题

(1) 智慧工地的构成要素包括(　　　)。

　　A. 物联网设备　　　　　　　　　　B. 大数据分析平台

　　C. 云计算中心　　　　　　　　　　D. 传统纸质档案

E. 人工智能算法

（2）以下属于人工智能技术应用的是（　　）。

  A. 安全帽佩戴检测　　　　　　　B. 危险区域入侵识别

  C. 车辆出入识别　　　　　　　　D. 历史事故原因分析

  E. 安全风险预测与评估

（3）云计算技术在智慧工地中的优势包括（　　）。

  A. 强大的计算能力　　　　　　　B. 灵活的数据存储方案

  C. 完全替代人工操作　　　　　　D. 系统可动态扩展

  E. 人机协同作业

（4）人员管理中的具体措施包括（　　）。

  A. 人脸识别系统　　　　　　　　B. 智能安全帽考勤

  C. 扬尘监测　　　　　　　　　　D. 物料区域监控

  E. 作业区域监控

（5）绿色施工涉及的内容有（　　）。

  A. 自动喷淋系统　　　　　　　　B. 有害气体监测

  C. 塔吊倾斜预警　　　　　　　　D. 气象环境监测

  E. 施工人员监测

# 模块 2

# 建筑施工安全控制

# 任务 $6$　土方工程施工安全控制

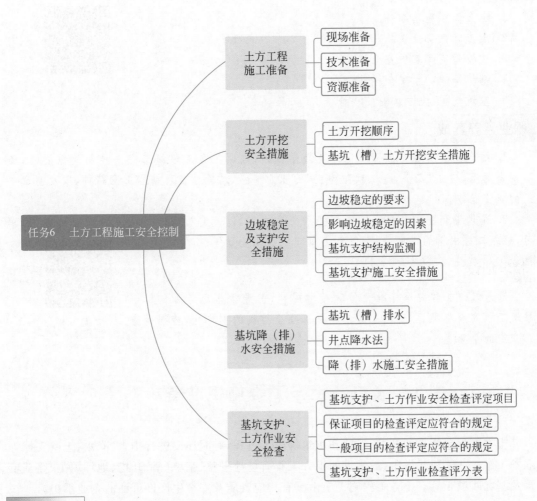

任务6　土方工程施工安全控制

- 土方工程施工准备
  - 现场准备
  - 技术准备
  - 资源准备
- 土方开挖安全措施
  - 土方开挖顺序
  - 基坑（槽）土方开挖安全措施
- 边坡稳定及支护安全措施
  - 边坡稳定的要求
  - 影响边坡稳定的因素
  - 基坑支护结构监测
  - 基坑支护施工安全措施
- 基坑降（排）水安全措施
  - 基坑（槽）排水
  - 井点降水法
  - 降（排）水施工安全措施
- 基坑支护、土方作业安全检查
  - 基坑支护、土方作业安全检查评定项目
  - 保证项目的检查评定应符合的规定
  - 一般项目的检查评定应符合的规定
  - 基坑支护、土方作业检查评分表

## 知识目标

1. 熟悉土方工程施工准备。
2. 熟悉土方开挖安全措施。
3. 熟悉边坡稳定及支护安全措施。
4. 熟悉基坑降（排）水安全措施。
5. 掌握基坑支护、土方作业安全检查方法。

## 能力目标

1. 能编制土方工程施工安全技术交底方案。

2. 能对某建筑施工土方工程进行安全检查。

## 素质目标

1. 树立"安全第一、预防为主"的职业情感。

2. 培养精益求精的工匠精神，以及遵章守纪的职业操守。

## 相关知识链接

1. 土方工程施工准备。

2. 土方开挖安全措施。

3. 边坡稳定及支护安全措施。

4. 基坑降（排）水安全措施。

5. 基坑支护、土方作业安全检查。

土方工程施工
安全控制

## 职业素养养成

1. 结合基坑工程安全标准化仿真教学视频，强调土方工程施工安全控制的重要性，提高安全意识，树立"安全第一、预防为主"的职业情感，培养精益求精的工匠精神，以及遵章守纪的职业操守。

2. 通过编制土方工程施工安全技术交底方案，以及对"基坑支护、土方作业检查"的学习，培养精益求精的工匠精神，以及遵章守纪的职业操守。

## 情境创设

通过基坑工程安全标准化仿真教学视频，引导学生思考如何做好基坑工程安全标准化，说明土方工程施工安全控制的重要性，特别是遵章守纪的重要性。

基坑工程
安全标准化
仿真教学

# 6.1  土方工程施工准备

土方工程包括土的开挖、运输和填筑等施工过程，有时还要进行排水、降水、土壁支撑等准备工作。在工程建设中，最常见的土方工程有场地平整、基坑（槽）开挖、地坪填土、路基填筑及基坑回填土等。土方工程施工应由具有相应资质及安全生产许可证的企业承担。

**1. 现场准备**

（1）勘察现场，清除地面及地上障碍物。

（2）做好施工场地防洪排水工作，全面规划场地，平整场地，以保证施工场地排水通畅不积水，场地周围设置必要的截水沟、排水沟。

（3）备好施工用电、用水及其他设施，平整施工道路。

**2. 技术准备**

（1）编制专项施工安全方案，并应严格按照方案实施。

（2）施工前应针对安全风险进行安全教育及安全技术交底。

（3）特种作业人员必须持证上岗，机械操作人员应经过专业技术培训。

（4）保护测量基准桩，以保证土方开挖标高位置与尺寸准确无误。

（5）若需要做挡土桩的深基坑，要先做挡土桩。

**3. 资源准备**

资源准备包括管理人员、施工作业人员、机械设备等的准备。

# 6.2　土方开挖安全措施

**1. 土方开挖顺序**

1）浅基坑（槽）开挖

土质良好的浅基坑，一般没有内支撑，土方开挖应遵循"土方分层开挖，垫层随挖随浇"的原则。

2）深基坑（槽）开挖

当基坑深度较大或土质不良时，基坑壁均需要设置支撑或支护，此时，应遵循"开槽挖撑、先撑后挖、分层开挖、严禁超挖"的原则。

3）不同深度基坑开挖

当同一建筑相邻基坑深度不等时，一般应遵循"先挖深坑土方，后挖浅坑土方"的顺序，若受到条件限制，必须先挖浅坑土方，则应分析先施工的较浅基坑工程对后施工的较深基坑工程的影响和危害，并采取必要的安全保护措施。

无论何种情况，土方开挖时，必须做到自上而下逐层进行，严禁先挖坡脚、掏作业等不安全的操作行为。

**2. 基坑（槽）土方开挖安全措施**

（1）在施工组织设计中，要有单项土方工程施工方案，对施工准备、开挖方法、放坡、排水、边坡支护应根据有关规范要求进行设计，边坡支护要有设计计算书。

（2）土石方作业和基坑支护的设计、施工应根据现场的环境、地质与水文情况，针对基坑开挖深度、范围大小，综合考虑支护方案、土方开挖、降排水方法以及对周边环境采取的措施来进行。

（3）根据土方工程开挖深度和工程量的大小，选择机械和人工挖土或机械挖土方案，挖掘应自上而下进行，严禁先挖坡脚，软土基坑无可靠措施时应分层均衡开挖，层高不宜超过1m，坑（槽）沟边1m以内不得堆土、堆料，不得停放机械。

（4）基坑工程应贯彻先设计后施工、先支撑后开挖、边施工边监测、边施工边治理的原则，严禁坑边超载，相邻基坑施工应有防止相互干扰的技术措施。

（5）挖土方前对周围环境要认真检查，不能在危险岩石或建筑物下面进行作业。

（6）人工挖基坑时，操作人员之间要保持安全距离，一般大于2.5m，多台机械同时开挖时，挖土机间距应大于10m。

（7）机械挖土，多台机械同时开挖土方时，应验算边坡的稳定性，根据规定和验算结果确定挖土机离边坡的安全距离。

（8）如开挖的基坑（槽）比邻近建筑物基础深时，开挖应保持一定距离和坡度，以免在施工时影响邻近建筑物的稳定，如不能满足要求，应采取边坡支撑加固措施，并在施工过程中进行沉降和位移观测。

（9）当基坑施工深度超过 2m 时，坑边应按照高处作业的要求设置临边防护，作业人员上下应有专用梯道，当深基坑施工中形成立体交叉作业时，应合理布局基坑的位置、人员、运输通道，并设置防止落物伤害的防护层。

（10）为防止基坑底的土被扰动，基坑挖好后要尽量减少暴露时间，及时进行下一道工序的施工，如不能立即进行下一道工序，要预留 15~30cm 厚覆盖土层，待基础施工时再挖去。

# 6.3  边坡稳定及支护安全措施

**1. 边坡稳定的要求**

边坡稳定是指基坑（槽）侧壁部分土体脱离，沿某一个方向向下滑动所需要的安全度，如果安全度不够，侧壁土体就下滑造成塌方，产生严重的安全事故。所以，土方开挖必须考虑基坑边坡稳定。合理确定边坡坡度是防止土体坍塌的有效措施。

1）边坡坡度

土方边坡坡度是指挖方深度 $h$ 与边坡底宽 $b$ 之比，用 $i$ 表示，如图 6-1 所示。

$$i = \frac{h}{b} = \frac{1}{b/h} = 1 : m$$

式中，$m = \dfrac{b}{h}$ 称为土方边坡系数。

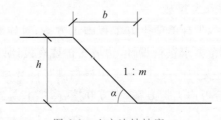

图 6-1  土方边坡坡度

当土质为天然湿度、构造均匀、水文地质条件良好，且无地下水时，开挖基坑根据开挖深度，基坑（槽）和管沟不加支撑时的容许深度参考表 6-1，临时性挖方边坡坡度值参考表 6-2。

表 6-1  基坑（槽）和管沟不加支撑时的容许深度

| 项次 | 土 的 种 类 | 容许深度/m |
| --- | --- | --- |
| 1 | 密实、中密的砂子和碎石类土（充填物为砂土） | 1.00 |
| 2 | 硬塑、可塑的粉质黏土及粉土 | 1.25 |
| 3 | 硬塑、可塑的黏土和碎石类土（充填物为黏性土） | 1.50 |
| 4 | 坚硬的黏土 | 2.00 |

表 6-2　临时性挖方边坡坡度

| 土 的 类 别 | 边 坡 坡 度 | | |
|---|---|---|---|
| | 坑顶无荷载 | 坑顶有静荷载 | 坑顶有动荷载 |
| 中密的砂土 | 1：1.00 | 1：1.25 | 1：1.50 |
| 中密的碎石类土（填充物为砂土） | 1：0.75 | 1：1.00 | 1：1.25 |
| 稍湿的粉土 | 1：0.67 | 1：0.75 | 1：1.00 |
| 中密的碎石类土（填充物为黏性土） | 1：0.50 | 1：0.67 | 1：0.75 |
| 硬塑的粉质黏土、黏土 | 1：0.33 | 1：0.50 | 1：0.67 |
| 软土（经井点降水后） | 1：1.00 | — | — |
| 泥岩、黏土夹石块 | 1：0.25 | 1：0.33 | 1：0.67 |
| 老黄土 | 1：0.10 | 1：0.25 | 1：0.33 |

2）土方边坡形式

土方边坡可以做成直线形、折线形和阶梯形，其中以折线形最为常见，如图 6-2 所示。土方边坡的大小与土质、开挖深度、开挖方法、边坡留置时间的长短、边坡上部荷载及排水情况有关。

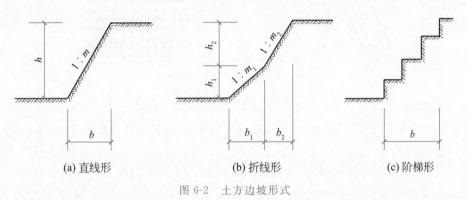

图 6-2　土方边坡形式

3）土方护坡（壁）

当土方工程施工工期长或经常受雨水浸泡等，会造成原有边坡滑动和塌方。所以，土方工程施工除了确定合理的边坡，根据实际情况还需要进行护坡处理。护坡的做法一般有两种。通常对临时边坡采用钢筋（丝）网细石混凝土护坡面层，具体做法为在已经形成的边坡面绑扎钢筋网，再铺挂固定钢丝网，然后喷射细石混凝土。如果工期较长、地面水较多或土质较软时，还可以采用土钉进行加固，具体做法为在已经形成的边坡面钻孔植入钢筋（俗称土钉），然后按上述同样方法做护坡面层。面层混凝土厚度、钢筋网直径间距、钢丝网规格、土钉规格间距等均按照专项设计确定。护坡构造做法如图 6-3 和图 6-4 所示。

**2. 影响边坡稳定的因素**

1）土的类别

不同类别的土，其土体的内摩阻力和内聚力不同。

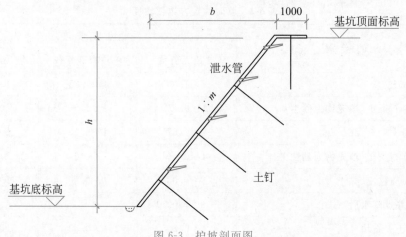

图 6-3 护坡剖面图

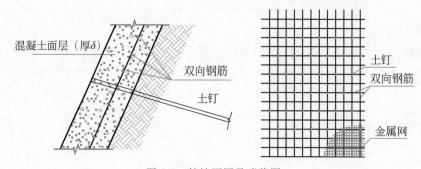

图 6-4 护坡面网及喷浆图

2）气候因素

气候的变化影响土质松软度，如冬季冻融又风化，会降低土体抗剪强度。

3）土的湿化程度

土内含水越多，湿化程度越高，土颗粒之间产生滑润作用，内摩阻力和内聚力均降低，使土的抗剪强度降低，边坡容易失去稳定，同时含水量增加，使土的自重增加，裂缝中产生静水压力，增加了土体内剪应力。

4）基坑边坡上面受附加荷载或外力松动

基坑边坡上面受附加荷载或外力松动能使土体中剪应力大大增加，甚至超过土体的抗剪强度，使边坡失去稳定而塌方。

**3. 基坑支护结构监测**

基坑支护结构虽然经过设计计算，但在使用过程中若出现施工条件等实际情况变化，如气候、地下水、施工顺序方法等，会造成支护结构出现变形等问题，在基坑施工过程中要加强监测，防止事故发生。

1）监测方案

基坑土方开挖之前，必须制定出监测方案，包括监测目的、监测项目、监测报警值、监测方法及精度要求、监测点布置、监测周期、工序管理和记录制度、信息反馈等。监测点的布置应按要求进行，除了监测基坑及支护结构变形，基坑边以外 2 倍开挖深度范围内建筑物、地面沉降、隆起等均应作为监控对象。监测时间间隔应根据施工进度确定,当监测结果变化速率较大时,要加密观测次数。

2)监测项目与监测方法

(1)围护墙顶水平位移和围护墙顶沉降

围护墙顶水平位移:用经纬仪和前视固定点形成测量基线,测量墙顶测点和基线距离的变化,精度不低于1mm。

围护墙顶沉降:用水准仪测量,精度不低于1mm。

(2)空隙水压力

埋设空隙水压力计测定,精度不低于1kPa。

(3)土体侧向变形

用侧斜仪测定土体侧向变形,精度不低于1mm。

(4)围护墙变形和围护墙体土压力

围护墙变形:在墙内预埋测斜管,用测斜仪测点,精度不低于1mm。

围护墙体土压力:在墙后和墙前入土段围护墙上埋设土压力计进行测定,精度不低于$1/100(F \cdot S)$,分辨率不低于5kPa。

(5)支撑轴力

在支撑端部安装轴力计进行测试,精度不低于$1/100(F \cdot S)$。

(6)坑底隆起

埋设分层沉降管,用沉降仪监测不同深度土体在开挖过程中的隆起变形,精度不低于1mm。

(7)地下水位

用设置位管的方法测试水位计的标尺,精度不低于1mm。

(8)锚杆拉力

在锚杆上安装钢筋测力计进行检测,精度不低于$1/100(F \cdot S)$。

(9)基坑周围建筑物、地面的沉降和倾斜

用经纬仪和水准仪测量,沉降测量精度不低于1mm。

(10)支撑立柱沉降

用水准仪测量,精度不低于1mm。

3)监测指标

基坑的变形应确保支护结构安全和周围环境安全,当设计有指标时以设计要求为依据,当设计没指标时,应按表6-3的规定。

表6-3 基坑变形的检测值

| 基坑类别 | 支护结构墙顶位移/mm | 支护结构墙体最大位移/mm | 地面最大沉降/mm |
|---|---|---|---|
| 一级 | 30 | 50 | 30 |
| 二级 | 60 | 80 | 60 |
| 三级 | 80 | 100 | 100 |

4)监测资料整理分析

通过对监测获得的数据进行定量分析,并对其变化及发展趋势作客观评价,及时进行险情分析预报,提出建议和措施,对于存在问题的要进行加固处理直至解决问题,并跟踪监测加固处理的效果。基坑工程完工后,监测单位要编制完整的监控报告。

监测成果不仅能检查设计所采用的各种假设和参数的正确性,还能为支护结构设计更合理、更经济,基坑施工更安全提供宝贵和丰富的技术资料。

**4. 基坑支护施工安全措施**

1) 管理措施

施工前,应认真进行安全技术交底,认真检查和处理锚喷支护作业区的危险情况。施工中应明确分工,统一指挥。

2) 灌注桩支护施工安全措施

采用灌注桩作基坑开挖的支护结构,按照有关桩基础施工的规定进行施工,以保证施工质量和安全。灌注桩作挡土墙,宜按间隔跳打的次序进行施工。

3) 护坡施工安全措施

(1) 锚喷支护必须紧跟工作面,应先喷后锚,喷射混凝土厚度严格按专项设计方案,喷射作业中,应有专人随时观察土体变化情况。

(2) 喷射机、水箱、风包、注浆罐等应进行密封性能和耐压试验,合格后方可使用。

(3) 喷射混凝土施工作业中,要经常检查出料弯头、输料管、注浆管和管路接头等有无磨薄、击穿或松脱现象,发现问题,应及时处理。

(4) 喷射作业中处理堵管时,应将输料管顺直,必须紧按喷头防止摆动伤人,疏通管路的工作风压不得超 0.4MPa。

4) 锚杆施工安全措施

向锚杆孔注浆时,注浆罐内应保持一定数量的砂浆,以防罐体放空,砂浆喷出伤人。施工中,喷头和注浆管前方严禁站人,喷射注浆时要采取防尘措施。

5) 用电安全措施

(1) 施工中,应定期检查电源电路和设备的电器部件。

(2) 电器设备应设接地、接零,并由持证人员安装操作,电缆、电线必须架空,严格遵守施工现场临时用电安全技术规范,确保用电安全。

(3) 处理机械故障时,必须使设备断电。

(4) 向施工设备送电前,应通知有关人员。

6) 施工机具使用安全措施

施工机具应设置在安全地带,各种设备应处于完好状态,张拉设备应牢靠,张拉时应采取防范措施,防止夹具飞出伤人。机械设备的运转部位应有安全防护装置。

# 6.4 基坑降(排)水安全措施

在开挖基坑(槽)、管沟或其他土方时,若地下水位较高,挖土底面低于地下水位,开挖至地下水位以下时,土的含水层被切断,地下水将不断流入坑内,使施工条件恶化,容易发生边坡失稳、地基承载力下降等现象。因此,为了保证工程质量和施工安全,在土方开挖前或开挖过程中必须采取措施,做好基坑排水和降低地下水位的工作,使地基土在开挖及基础施工过程中保持干燥状态。

**1. 基坑(槽)排水**

基坑排水又称明排水法,是指基坑开挖过程中,在基坑四周开挖排水沟,再在沟底每隔一定距离设置集水坑,使基坑内的水经排水沟流入集水坑内,然后用水泵抽走,如图 6-5 所示。

1) 排水沟与集水坑的设置

排水沟与集水坑应设置在基础范围以外,距边线距离不小于 0.4m。根据水量的大小、基坑平面形状及水泵能力,集水坑宜每 20~40m 设置一个,其直径或宽度一般为 0.6~0.8m。排水沟深度一般为 0.4~0.6m,底宽度不小于 0.3m,边坡坡度为 1:1~1:0.5,纵向坡度不小于 0.2%~0.3%,如图 6-5 所示。

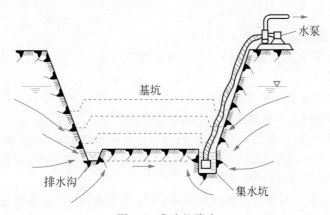

图 6-5 集水坑降水

2) 排水沟与集水坑的施工

施工时,排水沟底应始终保持比挖面低 0.3~0.5m,集水坑底应比排水沟低 0.5m 以上,且每挖一层土,则应加深一次排水沟和集水坑,当基坑挖至设计标高后,应保证地下水位低于基坑底 0.5m,集水坑底应低于基坑底 1~2m,并铺设 0.3m 厚的碎石滤水层,水泵抽水龙头应包以滤网,以免长时间抽水将泥沙抽出,堵塞水泵,并防止井底的土扰动。抽水应连续进行,直至基础设施施工完毕。

**2. 井点降水法**

井点降水法是指在基坑开挖前,预先在基坑四周埋设一定数量的滤水管,利用抽水设备,通过滤水管将地下水不断抽走,使地下水位降低到基底标高以下,并在基坑开挖过程中仍保持抽水工作不间断。

井点降水法的种类有轻型井点(可分为单层轻型井点和多层轻型井点)、喷射井点、电渗井点、管井井点、深井井点等。可根据土的种类、土层的参透系数、降低地下水位的深度、邻近建筑及管线情况、工程特点、场地及设备条件、施工技术水平等情况进行选择,其中轻型井点采用较广。

轻型井点降水法就是在基坑的四周或一侧埋设井点管伸入含水层内,井点管的上端通过弯联管与集水总管连接,集水总管再与水泵相连,利用抽水设备将地下水从井点管内不断抽出,使地下水位降低到基坑底以下,如图 6-6 所示。

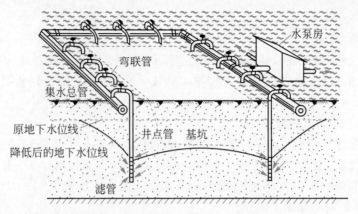

图 6-6　轻型井点降水法示意图

**3．降（排）水施工安全措施**

基坑开挖要注意预防基坑被浸泡、引起坍塌和滑坡事故的发生，为此在制定土方施工方案时应注意采取措施。

（1）土方开挖及地下工程要尽可能避开雨期施工，当地下水位较高、开挖土方较深时，应尽可能在枯水期施工，尽量避免在地下水位以下进行土方工程。

（2）为防止基坑浸泡，除做好排水沟外，要在坑四周做挡水堤，防止地面水流入坑内，坑内要做排水沟、集水井，以排除暴雨和其他突然而来的明水倒灌，基坑边坡视需要可覆盖塑料布，应防止大雨对土坡的侵蚀。

（3）软土基坑、高水位地区应做截水帷幕，应防止单纯降水造成基土流失。

（4）开挖低于地下水位的基坑、管沟和其他挖方时，应根据当地工程地质资料、挖方深度和尺寸，选用集水坑或井点降水。

（5）采用井点降水，降水前应考虑降水影响范围内的已有建筑物和构筑物可能产生附加沉降、位移，定期进行沉降和水位观测并做好记录，发现问题，应及时采取措施。

（6）由专人负责施工用设备及电气安全用电，降水水泵的电气控制系统要统一编号、统一管理，使用灵敏的液面控制器和过热保护器，防止机电设备损坏，从而影响正常的降水效果，出现问题要及时处理和更换。

# 6.5　基坑支护、土方作业安全检查

依据《建筑施工安全检查标准》（JGJ 59—2011）的规定，基坑支护、土方作业安全检查有以下要求。

**1．基坑支护、土方作业安全检查评定项目**

保证项目包括：施工方案、临边防护、基坑支护及支撑拆除、基坑降（排）水、坑边荷载。一般项目包括：上下通道、土方开挖、基坑工程监测、作业环境。

**2．保证项目的检查评定应符合的规定**

1）施工方案

（1）深基坑施工必须有有针对性、能指导施工的施工方案，并按有关程序进行审批。

（2）危险性较大的基坑工程应编制安全专项施工方案，应由施工单位技术、安全、质量等专业部门进行审核，施工单位技术负责人签字，超过一定规模的危险性较大的基坑工程由施工单位组织进行专家论证。

2）临边防护

基坑施工深度超过2m的，必须有符合防护要求的临边防护措施。

3）基坑支护及支撑拆除

（1）坑槽开挖应设置符合安全要求的安全边坡。

（2）基坑支护的施工应符合支护设计方案的要求。

（3）应有针对性的支护设施产生变形的防治预案，并及时采取措施。

（4）应严格按支护设计及方案要求进行土方开挖及支撑的拆除。

（5）采用专业方法拆除支撑的施工队伍必须具备专业施工资质。

4）基坑降排水

（1）高水位地区深基坑内必须设置有效的降水措施。

（2）深基坑边界周围地面必须设置排水沟。

（3）基坑施工必须设置有效的排水措施。

（4）深基坑降水施工必须有防止邻近建筑及管线沉降的措施。

5）坑边荷载

基坑边缘堆置建筑材料等，距槽边最小距离必须满足设计规定，禁止基坑边堆置弃土，施工机械施工行走路线必须按方案执行。

**3. 一般项目的检查评定应符合的规定**

1）上下通道

基坑施工必须设置符合要求的人员上下专用通道。

2）土方开挖

（1）施工机械必须进行进场验收，操作人员持证上岗。

（2）严禁施工人员进入施工机械作业半径内。

（3）基坑开挖应严格按方案执行，宜采用分层开挖的方法，严格控制开挖面坡度和分层厚度，防止边坡和挖土机下的土体滑动，严禁超挖。

（4）基坑支护结构必须在达到设计要求的强度后，方可开挖下层土方。

3）基坑工程监测

（1）基坑工程均应进行基坑工程监测，开挖深度大于5m的基坑工程应由建设单位委托具备相应资质的第三方实施监测。

（2）总包单位应自行安排基坑监测工作，并与第三方监测资料定期对比分析，指导施工作业。

（3）基坑工程监测必须由基坑设计方确定监测报警值，施工单位应及时通报变形情况。

4）作业环境

（1）基坑内作业人员必须有足够的安全作业面。

（2）垂直作业必须有隔离防护措施。

（3）夜间施工必须有足够的照明设施。

**4. 基坑支护、土方作业检查评分表**

基坑支护、土方作业安全检查是基坑支护、土方作业的安全控制措施，通过基坑支护、土方作业检查评分表（表 6-4），对保证项目和一般项目进行安全检查，及时发现不符合规定或不安全因素，采取有效的防范措施，确保基坑支护、土方作业安全。

表 6-4　基坑支护、土方作业检查评分表

| 序号 | 检查项目 | | 扣 分 标 准 | 应得分数 | 扣减分数 | 实得分数 |
|---|---|---|---|---|---|---|
| 1 | 保证项目 | 施工方案 | 深基坑施工未编制支护方案扣 20 分；<br>基坑深度超过 5m 未编制专项支护设计扣 20 分；<br>开挖深度 3m 及以上未编制专项方案扣 20 分；<br>开挖深度 5m 及以上专项方案未经过专家论证扣 20 分；<br>支护设计及土方开挖方案未经审批扣 15 分；<br>施工方案针对性差不能指导施工扣 12～15 分 | 20 | | |
| 2 | | 临边防护 | 深度超过 2m 的基坑施工未采取临边防护措施扣 10 分；<br>临边及其他防护不符合要求扣 5 分 | 10 | | |
| 3 | | 基坑支护及支撑拆除 | 坑槽开挖设置安全边坡不符合安全要求扣 10 分；<br>特殊支护的做法不符合设计方案扣 5～8 分；<br>支护设施已产生局部变形又未采取措施调整扣 6 分；<br>混凝土支护结构未达到设计强度提前开挖，超挖扣 10 分；<br>支撑拆除没有拆除方案扣 10 分；<br>未按拆除方案施工扣 5～8 分；<br>用专业方法拆除支撑，施工队伍没有专业资质扣 10 分 | 10 | | |
| 4 | | 基坑降排水 | 高水位地区深基坑内未设置有效降水措施扣 10 分；<br>深基坑边界周围地面未设置排水沟扣 10 分；<br>基坑施工未设置有效排水措施扣 10 分；<br>深基础施工采用坑外降水，未采取防止邻近建筑和管线沉降措施扣 10 分 | 10 | | |
| 5 | | 坑边荷载 | 积土、料具堆放距槽边距离小于设计规定扣 10 分；<br>机械设备施工与槽边距离不符合要求且未采取措施扣 10 分 | 10 | | |
| 小　计 | | | | 60 | | |
| 6 | 一般项目 | 上下通道 | 人员上下未设置专用通道扣 10 分；<br>设置的通道不符合要求扣 6 分 | 10 | | |
| 7 | | 土方开挖 | 施工机械进场未经验收扣 5 分；<br>挖土机作业时，有人员进入挖土机作业半径内扣 6 分；<br>挖土机作业位置不牢、不安全扣 10 分；<br>司机无证作业扣 10 分；<br>未按规定程序挖土或超挖扣 10 分 | 10 | | |
| 8 | | 基坑工程监测 | 未按规定进行基坑工程监测扣 10 分；<br>未按规定对毗邻建筑物和重要管线和道路进行沉降观测扣 10 分 | 10 | | |
| 9 | | 作业环境 | 基坑内作业人员缺少安全作业面扣 10 分；<br>垂直作业上下未采取隔离防护措施扣 10 分；<br>光线不足，未设置足够照明扣 5 分 | 10 | | |
| 小　计 | | | | 40 | | |
| 检查项目合计 | | | | 100 | | |

【任务思考】

**任务工作单**

（1）土方开挖安全措施有哪些？

（2）影响边坡稳定的因素有哪些？

（3）边坡稳定及支护安全措施有哪些？

（4）基坑降（排）水安全措施有哪些？

（5）基坑支护、土方作业检查评分表的检查项目有哪些？

（6）如何做好基坑工程施工安全标准化？

任务练习

**1. 单项选择题**

（1）下列不属于土方工程施工准备中技术准备的是（ ）。

　　A. 编制专项施工安全方案，并应严格按照方案实施

　　B. 施工前应针对安全风险进行安全教育及安全技术交底

　　C. 勘察现场，清除地面及地上障碍物

　　D. 特种作业人员必须持证上岗，机械操作人员应经过专业技术培训

（2）在临边堆放弃土，材料和移动施工机械应与坑边保持一定距离，当土质良好时，要距坑边（ ）远。

　　A. 0.5m以外，高度不超0.5m　　　　B. 1m以外，高度不超1.5m

　　C. 1m以外，高度不超1m　　　　　　D. 1.5m以外，高度不超2m

（3）距基坑（槽）上口堆放模板为（ ）m以外。

　　A. 2　　　　　　B. 1　　　　　　C. 2.5　　　　　　D. 0.8

（4）人工挖基坑时，操作人员之间要保持安全距离，一般大于（ ）m，多台机械同时开挖时，挖土机间距应大于10m。

　　A. 2　　　　　　B. 3　　　　　　C. 2.5　　　　　　D. 1.5

（5）基坑工程应贯彻先设计后施工，（ ），边施工边监测，边施工边治理的原则，严禁坑边超载，相邻基坑施工应有防止相互干扰的技术措施。

　　A. 先支撑后开挖　　　　　　　　　B. 先开挖后支撑

　　C. 边开挖边放坡　　　　　　　　　D. 开挖和支撑同时进行

（6）当基坑施工深度超过（ ）m时，坑边应按照高处作业的要求设置临边防护，作业人员上下应有专用梯道，当深基坑施工中形成立体交叉作业时，应合理布局基坑的位置、人员、运输通道，并设置防止落物伤害的防护层。

　　A. 2.5　　　　　　B. 3　　　　　　C. 1.5　　　　　　D. 2

（7）按照住房和城乡建设部的有关规定，开挖深度超过（ ）的基坑、槽的土方开挖工程应当编制专项施工方案。

　　A. 3m（含3m）　　B. 5m　　　　　C. 5m（含5m）　　D. 8m

（8）为防止基坑底的土被扰动，基坑挖好后要尽量减少暴露时间，及时进行下一道工序的施工，如不能立即进行下一道工序，要预留（ ）cm厚覆盖土层，待基础施工时再挖去。

　　A. 10～15　　　　B. 30～35　　　　C. 15～30　　　　D. 35

（9）井点降水法的种类有轻型井点（可分为单层轻型井点和多层轻型井点）、喷射井点、电渗井点、管井井点、深井井点等，其中应用较广的是（ ）。

　　A. 喷射井点　　　B. 轻型井点　　　C. 管井井点　　　D. 喷射井点

（10）软土基坑、（ ）地区应做截水帷幕，防止单纯降水造成基土流失。

　　A. 硬土基坑　　　B. 低水位　　　　C. 高水位　　　　D. 中水位

**2. 多项选择题**

（1）基坑开挖遇到（ ）情况，应设置坑壁支护结构，防止坑壁坍塌。

　　A. 坑壁不能放坡　　　　　　　　　B. 坑壁土质松软

  C. 基坑面积大       D. 基坑深度深

（2）基坑开挖和基础施工过程中，要特别注意对基坑和支护结构进行监测，主要监测内容有（  ）。

  A. 支护体系变形       B. 基坑外地面沉降

  C. 周围建筑动态       D. 地下水位

（3）在施工组织设计中，要有单项土方工程施工方案，主要包含（  ）等内容，涉及边坡支护时，应根据有关规范要求进行设计计算。

  A. 施工准备    B. 开挖方法    C. 放坡    D. 降水排水

（4）浅基础基坑开挖一般采用放坡形式，边坡形式可以采用（  ）。

  A. 曲线形    B. 直线形    C. 折线形    D. 阶梯形

（5）关于土方施工安全，（  ）为正确的选项。

  A. 土方开挖工程要尽可能避开雨期施工

  B. 基坑内在不影响基础施工处要设排水沟和集水井

  C. 开挖低于地下水位的基坑，可以用集水井或井点降水

  D. 基坑降水必须连续进行，确保水位面同基坑面

**3. 编制土方工程施工安全技术交底方案**

根据提供的实际工程案例编制土方工程施工安全技术交底方案（表 6-5）。

表 6-5 安全技术交底

施工单位：

| 工程名称 | | 施工部位（层次） | |
|---|---|---|---|
| 交底提要 | 土方工程施工安全技术交底 | 交底日期 | |
| 交底内容：<br>（1）施工作业条件<br><br>（2）操作工艺流程<br><br>（3）施工操作要点与要求<br><br>（4）施工安全技术措施<br><br>（5）安全检查与评定 | | | |
| 交底人 | | 接收人签字 | |
| 项目负责人 | | | |
| 执行情况 | | 安全员：   年  月  日 | |

注：交底一式三份，交底人、接收人、安全员各一份。

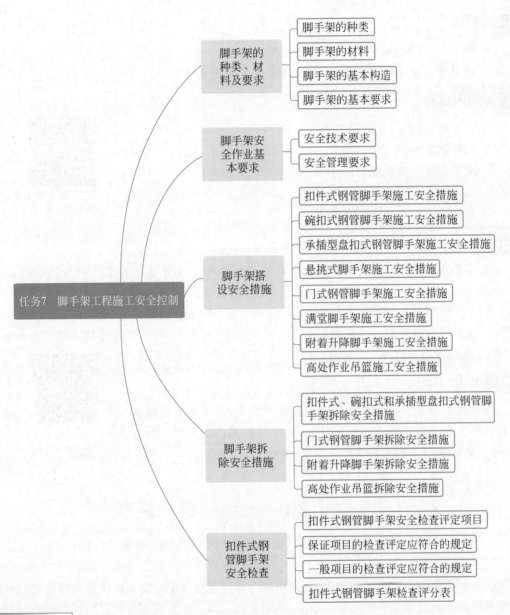

脚手架的种类、材料及要求
- 脚手架的种类
- 脚手架的材料
- 脚手架的基本构造
- 脚手架的基本要求

脚手架安全作业基本要求
- 安全技术要求
- 安全管理要求

任务7 脚手架工程施工安全控制

脚手架搭设安全措施
- 扣件式钢管脚手架施工安全措施
- 碗扣式钢管脚手架施工安全措施
- 承插型盘扣式钢管脚手架施工安全措施
- 悬挑式脚手架施工安全措施
- 门式钢管脚手架施工安全措施
- 满堂脚手架施工安全措施
- 附着升降脚手架施工安全措施
- 高处作业吊篮施工安全措施

脚手架拆除安全措施
- 扣件式、碗扣式和承插型盘扣式钢管脚手架拆除安全措施
- 门式钢管脚手架拆除安全措施
- 附着升降脚手架拆除安全措施
- 高处作业吊篮拆除安全措施

扣件式钢管脚手架安全检查
- 扣件式钢管脚手架安全检查评定项目
- 保证项目的检查评定应符合的规定
- 一般项目的检查评定应符合的规定
- 扣件式钢管脚手架检查评分表

## 知识目标

1. 熟悉脚手架的种类、材料及要求。
2. 熟悉脚手架安全作业基本要求。

3. 熟悉脚手架搭设安全措施。

4. 熟悉脚手架拆除安全措施。

5. 掌握扣件式钢管脚手架安全检查。

## 能力目标

1. 能编制脚手架工程施工安全技术交底方案。

2. 能对某建筑施工脚手架工程进行安全检查。

## 素质目标

1. 树立"安全第一、预防为主"的职业情感。

2. 培养精益求精的工匠精神，以及遵章守纪的职业操守。

## 相关知识链接

1. 脚手架的种类、材料及要求。

2. 脚手架安全作业基本要求。

3. 脚手架搭设安全措施。

4. 脚手架拆除安全措施。

5. 扣件式钢管脚手架安全检查。

脚手架工程
施工安全控制

## 职业素养养成

1. 结合扣件式脚手架安全标准化仿真教学视频，强调脚手架工程施工安全控制的重要性，提高安全意识，树立"安全第一、预防为主"的职业情感，培养精益求精的工匠精神，以及遵章守纪的职业操守。

2. 通过编制脚手架工程施工安全技术交底方案，以及对"扣件式钢管脚手架安全检查"的学习，培养精益求精的工匠精神，以及遵章守纪的职业操守。

## 情境创设

通过扣件式脚手架安全标准化仿真教学视频，引导学生思考如何做好扣件式脚手架安全标准化，说明脚手架工程施工安全控制的重要性，特别是遵章守纪的重要性。

扣件式脚手架
安全标准化
仿真教学

# 7.1　脚手架的种类、材料及要求

**1. 脚手架的种类**

脚手架是建筑施工中必不可少的辅助设施，是建筑施工中安全事故多发的部位，也是施工安全控制的重点。脚手架的种类很多，不同类型的脚手架有不同的特点，其搭设方式也不同，常见的脚手架分类方法有以下几种（图 7-1）。

（1）按用途划分：操作（作业）脚手架、防护用脚手架。

（2）按构架方式划分：杆件组合式脚手架、框架组合式脚手架、格构件组合式脚手架、

图 7-1 脚手架分类方法

台架。

（3）按设置形式划分：单排脚手架、双排脚手架、多排脚手架、满堂脚手架、满高脚手架、交圈（周边）脚手架、特型脚手架。

（4）按支固方式划分。

① 落地式脚手架，搭设（支座）在地面、楼面、屋面或其他平台结构之上的脚手架。

② 悬挑脚手架，简称挑脚手架，即采用悬挑方式支固的脚手架，其挑支方式有三种：悬挑梁、悬挑三角桁架、杆件支挑结构。

③ 附墙悬挂脚手架，简称挂脚手架，即在上部或（和）中部挂设于墙体挑挂件上的定型脚手架。

④ 悬吊脚手架，简称吊脚手架，是悬吊于悬挑梁或工程结构之下的脚手架，当采用篮式作业架时，称为吊篮。

⑤ 附着升降脚手架，简称爬架，是附着于工程结构、依靠自身提升设备实现升降的悬空脚手架，其中实现整体提升者，也称整体提升脚手架。

⑥ 水平移动脚手架，即带行走装置的脚手架（段）或操作平台架。

（5）按平杆、立杆的连接方式划分：承插式脚手架、扣接式脚手架、销栓式脚手架。

**2. 脚手架的材料**

1）钢管

钢管材质应符合 Q235-A 级标准，不得使用有明显变形、裂纹及严重锈蚀的材料，钢管规格宜采用 $\phi 48 \times 35$，也可采用 $\phi 51 \times 30$，钢管脚手架的杆件连接必须使用合格的钢扣件，不得使用铁丝和其他材料绑扎；钢管脚手架主要有钢管扣件式脚手架、钢管碗扣式脚手架、承插盘扣式钢管脚手架、悬挑式脚手架、附墙爬升式脚手架、门式钢管脚手架、满堂式钢管脚手架等。

2）木

木脚手架通常用剥皮杉木杆进行搭设。立杆与横杆、横杆与横杆均用铁丝绑扎牢固，小横杆的接头处小头应压在大头上。

3）竹

竹脚手架杆件采用生长三年以上的毛竹（楠竹），不得使用弯曲、青嫩、枯脆、腐烂、裂纹连通两节以上及虫蛀的竹竿，立杆、顶撑、斜杆有效部分的小头直径不得小于 75mm，横向水平杆有效部分的小头直径不得小于 90mm，搁栅、栏杆有效部分的小头直径不得小于 60mm，小头直径在 60mm 以上不足 90mm 的竹竿可采用双杆。竹脚手架一般用竹篾绑扎，上下顶杆应保持在同一垂直线上。

同一脚手架中，不得混用两种质量标准的材料，也不得将两种规格钢管用于同一脚手架中。

**3. 脚手架的基本构造**

**1）承载结构**

脚手架由立杆和横杆连接组成构架，它是脚手架直接承受和传递垂直荷载的部分，是脚手架的受力主体，各榀横向承力构架通过大横杆连成一个整体，故脚手架沿纵向也是一个构架。因此，脚手架是由立杆、小横杆和大横杆组成的一个空间结构构架。立杆、小横杆和大横杆一般都用 $\phi48$、厚 3.5mm 的焊接钢管制作。图 7-2 为典型扣件式钢管脚手架构造。承载结构架体主要由立杆、横向水平杆、纵向水平杆、扫地杆、脚手板组成。

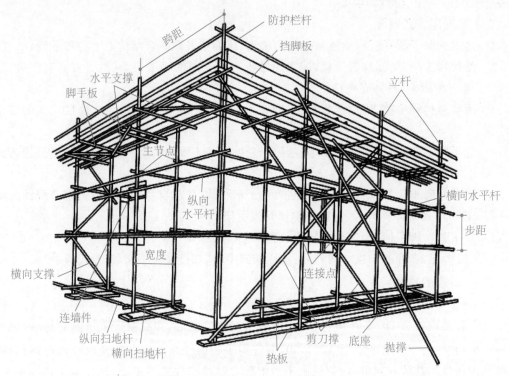

图 7-2　扣件式钢管脚手架构造示意图

**2）支撑体系**

脚手架立杆与纵、横向水平杆组成的是一个空间四边形构架，属于可变体系，为了保障空间构架体系的稳定性，加强整体刚度、局部刚度和抵抗侧向作用能力，脚手架必须设置支撑体系。支撑体系包括纵向垂直支撑、横向垂直支撑及水平支撑。

**3）连墙件**

脚手架通过加设支撑体系提高整体稳定性，但由于自身结构高跨比悬殊，难以做到保持整体不产生倾覆，为了提高其抗倾覆和抗风能力，超过三步的脚手架必须将脚手架架体与建筑结构牢固连接，连接部分称为连墙件，其位置位于立杆与大横杆相交的节点处。三步以内的脚手架可以使用抛撑来增加架体侧向稳定。

**4）脚手架基础**

脚手架基础位于落地式脚手架底部的地基，支撑整个脚手架架体的重量。所以，脚手架基础处理将直接影响脚手架是否产生沉降变形。钢管脚手架下地基必须分层夯压密实、平整,上铺不少于 50mm 垫板或垫木,然后在垫板(木)上加设钢管底座,再立立杆。有地区规定,在夯压平整密实的地基上浇筑一层不低于 50mm 厚的混凝土,再安装立杆。脚手架地基应设可靠的排水措施,防止积水浸泡地基而产生地基沉降变形。

5) 脚手板

脚手板是供作业人员站立操作、堆放材料的层面,所以必须保证其宽度符合堆放材料和操作空间需要,一般宽度为:结构架 1.45~1.8m,装修架 1.15~1.5m。作业面板应沿纵向满铺,确保铺设严密、牢固、平整。面板材料可以用木板、竹板、钢筋网(钢板网)等具有一定强度的不易变形和打滑的材料。脚手板必须按脚手架宽度铺满、铺稳,脚手架与墙面的间隙不应大于 200mm,作业层脚手板的下方必须设置防护层,作业层外侧应按规定设置防护栏和挡脚板脚手架,应按规定采用密目式安全网封闭(其网目密度不应低于 2000 目/100cm$^2$)。

6) 安全防护设施

为了防止人员和物料从高处坠落,除了正确铺设脚手板外,需要在脚手架外侧加设防护栏杆和挡脚板,还要铺挂密目式安全立网。对于高层建筑,按规定在沿竖向每隔一定高度还须加设安全平网,用于承接高处坠落人员和物料。

**4. 脚手架的基本要求**

脚手架是建筑工程中的一项临时设施,其作用是供工人在上面进行施工操作,堆放建筑材料,以及进行材料的短距离水平运送,其搭设和使用必须满足以下几点要求。

1) 要有足够的强度和稳定性

施工期间在允许荷载和气候条件下,不产生变形、倾斜或摇晃现象,确保施工人员人身安全。

2) 要有足够的工作面

脚手架要有足够的工作面,能满足工人操作、材料堆放以及运输的需要。脚手架的宽度一般为 1.5~2m。

3) 适应性广泛

脚手架要因地制宜,就地取材,经济节约,尽量节省用料。

4) 使用周期长

脚手架要构造简单,安装拆除方便,并能多次周转使用。

5) 脚手架搭设高度

钢管脚手架中,扣件式单排架的搭设高度不宜超过 24m,扣件式双排架的搭设高度不宜超过 50m,门式架的搭设高度不宜超过 60m。木脚手架中,单排架的搭设高度不宜超过 20m,双排架的搭设高度不宜超过 30m,竹脚手架不得搭设单排架,双排架的搭设高度不宜超过 35m。

## 7.2 脚手架安全作业基本要求

**1. 安全技术要求**

(1) 普通脚手架的构造应符合有关规定,并编制施工方案。特殊工程脚手架、重荷载脚手架、荷载偏心脚手架及高度超过 32m 的脚手架必须有可靠的设计和计算，并编制专项施工方案。超过一定规模的危险性较大的脚手架，编制专项方案还须经过专家论证才能施工。

（2）脚手架材料必须符合规范规定，搭设前进行进场抽样复试，合格后才能使用。钢管上严禁打孔。

（3）脚手架应设置足够、牢固的连墙点，依靠建筑结构的整体刚度来加强和确保整片脚手架的稳定性。

（4）正确处理脚手架地基，确保地基具有足够的承载能力。当在脚手架使用过程中开挖脚手架基础下的设备基础或管沟时，必须对脚手架采取加固措施。

（5）严格按照脚手架搭设方案施工，确保搭设质量，搭设完毕须通过检查验收后才能使用。满堂脚手架与支架在安装过程中，应采取防倾覆的临时固定措施。

（6）严格控制使用荷载，不能超载，并确保有较大的安全储备。结构用脚手架使用荷载不超过 $3.0kN/m^2$，装修用脚手架使用荷载不超过 $2.0kN/m^2$。满堂支架顶部的实际荷载不得超过设计规定。

（7）要有可靠的安全防护设施。脚手板应铺牢靠、严实，并应用安全网双层兜底。施工层以下每隔 10m 应用安全网封闭。单双排脚手架、悬挑脚手架、爬升式脚手架等外围应用密目式安全网封闭（网位于立杆内侧并与架体绑扎牢固）。

（8）脚手架顶部应设置避雷针，底部设接地装置，并保证上下贯通，接地电阻不大于 $4\Omega$。

**2. 安全管理要求**

（1）脚手架搭设人员必须是经过考核合格的专业架子工，并持证上岗。上架前必须戴安全帽、系安全带、穿防滑鞋。

（2）加强使用过程中的检查与监督。不得将模板支架、缆风绳、泵送混凝土和砂浆的输送管等固定在架体上。严禁利用架体悬挂起重设备，严禁拆除或移动架体上的安全防护设施。满堂架体在使用过程中，应设专人监护施工，当出现异常应立即停止施工，迅速撤离作业人员，并及时采取措施确保安全。

（3）夜间不能进行脚手架搭设与拆除作业。

（4）遇有 6 级及以上大风、大雾、大雨和大雪天气，应暂停在脚手架上的作业。雨雪后上架作业要有防滑措施，并扫除积雪。

（5）在脚手架上进行电、气焊作业时，应有防火措施和专人看守。

（6）搭拆脚手架时，地面应设围栏和警戒标志，并派专人看守，严禁非作业人员入内。

# 7.3　脚手架搭设安全措施

**1. 扣件式钢管脚手架施工安全措施**

1）搭设方案编制与交底验收

（1）脚手架搭设前，应根据工程特点和施工工艺确定搭设方案。超过一定规模的危险性较大的脚手架工程必须制订专项施工方案并经过专家论证。

（2）搭设操作前，根据审核通过的施工方案，结合现场作业条件和队伍，组织对现场作业人员和相关管理人员进行搭设施工安全技术的交底，并应有双方签字的书面记录。

（3）脚手架搭设应有专人指挥，当架体分段搭设、分段使用时，应进行分段验收；明确搭设、检查、验收、使用监督和拆除等相关职责，验收应办理验收手续，并有量化内容和经责任人签字确认。

2）架体基础

（1）搭设场地平整、地基夯压密实并有排水措施。

（2）搭设高度在 25m 以下时，地面浇筑厚度不少于 50mm 的混凝土垫层，立杆底部设置厚度大于 50mm 的垫木或垫板。

（3）搭设高度在 25m 以上时，回填土须严格分层夯压，密实度达到方案要求，浇筑不少于 50mm 厚混凝土，再铺设 12～16 号槽钢。

（4）在立杆底部离地面 200mm 处加设纵横向扫地杆，纵向杆在上，横向杆在下，并用扣件固定在立杆上。

3）架体搭设高度

（1）脚手架一次搭设不能过高，要与施工进度同步，自由高度不宜大于 6m。脚手架必须沿建筑外墙四周交圈搭设，禁止搭设没有任何固定措施的开口型脚手架。

（2）单排脚手架高度不大于 24m，双排不大于 50m。

（3）架体搭设不能落后于作业层面，必须比作业面高出 1.2m。屋面为平屋顶时顶部架体外立杆高度高出屋面 1.2m，屋面为坡屋顶时架体外立杆高度高出 1.5m，内立杆低于檐口 0.2m。

4）立杆、横杆布置

（1）立杆、大横杆、小横杆的间距严格按照设计方案和规范要求布置。当遇到门洞等出入口时，按要求进行加固处理。禁止立杆悬空固定在水平杆上。

（2）主节点处必须设置一根横向水平杆，用直角扣件扣接并严禁拆除。横向水平杆端部伸出净长度不少于 100mm。

（3）立杆接头除顶层顶部可以采用搭接外，其余部位必须采用对接形式，采用对接扣件扣接牢固，接头错开至少 500mm，并分布在不同步距内。

（4）水平杆采用对接连接，若采用搭接时，其搭接长度不应小于 1m，用 3 个扣件固定牢固。接头应错开至少 500mm，并分布在不同的跨距内。

（5）接头中心离开主节点距离：水平杆不少于跨距的 1/3，立杆不少于步距的 1/3。

（6）扣件紧固力矩不应小于 40N·m，且不应大于 65N·m。

5）连墙件布置

（1）架体与主体结构采用连墙件连接固定牢固。多层建筑按三步三跨设拉结点，高层建筑按二步三跨设拉结点。楼层顶部必须设置一道连墙件。拉结点布置可以是菱形、矩形或方形。

（2）连墙件应从架体底层第一步纵向水平杆处开始设置，当该处设置有困难时，应采取其他可靠措施固定。

（3）三层及以下建筑，连墙件可以采用柔性连接件；多层和高层建筑必须采用刚性杆件作为连墙件。连墙件偏离主节点距离不大于 300mm。

6）支撑布置

（1）按设计方案和规范设置剪刀撑，剪刀撑设置不小于四跨，且不小于 6m。斜杆与地面的夹角在 45°～60°。

（2）杆件可以采用搭接，搭接长度不少于 1000mm，并用三个扣件固定。

（3）开口型双排脚手架两端必须设置横向斜撑。

（4）垂直剪刀撑与立杆相连，水平剪刀撑与横杆相连，连接点偏离主节点不大于 150mm。

7）脚手板与防护设施

（1）脚手板材质、规格应符合规范要求，铺板应严密、牢靠。

（2）架体外侧应采用密目式安全网封闭，网间连接应严密。

（3）每作业层设置高度不低于 1.2m 的防护栏杆，作业层外侧设置高度不小于 180mm 的挡脚板。

（4）作业层脚手板下应采用安全网兜底，以下每隔 10m 应采用安全平网封闭；作业层里排脚手架体与建筑物之间应采用脚手板或安全网封闭。

8）通道布置

（1）脚手架上供人员上下的临时通道，又称马道、斜道、跑道。其位置可以搭设在脚手架外侧，也可以搭设在脚手架内侧。有"一"字形和"之"字形两种。

（2）通道宽度不小于 1m，坡度不大于 1∶3。两端设平台，宽度不少于 1.5m。

（3）斜道两侧和平台临空边均须设安全防护栏杆。通道要每隔 300mm 设防滑条。

（4）各类人员上下脚手架必须走通道，不准攀爬脚手架。

**2. 碗扣式钢管脚手架施工安全措施**

1）搭设方案编制与交底验收

（1）脚手架搭设前，应编制专项施工方案，结构设计应进行计算，并按规定进行审核、审批。超过一定规模的危险性较大的脚手架工程必须制订专项施工方案并经过专家论证。

（2）搭设操作前，根据审核通过的施工方案，结合现场情况，组织对作业人员和相关管理人员进行搭设施工安全技术交底，并应有双方签字的书面记录。

（3）脚手架搭设应有专人指挥，当架体分段搭设、分段使用时，应进行分段验收；明确搭设、检查、验收、使用监督和拆除等相关职责，验收应办理验收手续，并有量化内容和经责任人签字确认。

2）架体基础

脚手架基础应按方案要求平整、夯实，并采取排水措施，立杆底部设置的垫板和底座应符合规范要求。架体纵横向扫地杆距立杆底端高度不应大于 350mm。

3）杆件锁扣布置

（1）立杆间距与水平杆步距严格按照设计方案和规范要求布置。当遇到门洞等出入口时，按要求进行加固处理。禁止立杆悬空固定在水平杆上。

（2）按设计方案的步距在立杆连接碗扣节点处必须设置纵、横向水平杆。

（3）架体组装及碗扣紧固应符合规范要求。

（4）架体搭设高度超过 24m 时，顶部 24m 以下的连墙件应设置水平斜杆，并应符合规范要求。

4）连墙件布置

（1）架体与主体结构采用连墙件连接固定，架体拉结点应固定牢固、可靠。

（2）连墙件应从架体底层第一步纵向水平杆处开始设置，当该处设置有困难时，应采取其他可靠措施固定。

（3）连墙件必须采用刚性杆件。

5）支撑布置

（1）架体竖向应沿高度方向连续设置专用斜杆或八字撑。

（2）专用斜杆两端应固定在纵、横向水平杆的碗扣节点处。

（3）专用斜杆或八字形斜撑的设置角度应符合规范要求。

6）脚手板与防护设施

（1）脚手板材质、规格应符合规范要求，铺板应严密、牢靠。

（2）挂扣式钢脚手板的挂扣必须完全挂扣在水平杆上，挂钩应处于锁住状态。

（3）架体外侧应采用密目式安全网封闭，网间连接应严密。

（4）每作业层设置高度不低于 1.2m 的防护栏杆，作业层外侧设置高度不小于 180mm 的挡脚板。

（5）作业层脚手板下应采用安全网兜底，以下每隔 10m 应采用安全平网封闭；作业层里排脚手架体与建筑物之间应采用脚手板或安全网封闭。

7）通道布置

通道设置参考扣件式钢管脚手架施工安全措施相关部分内容。

**3. 承插型盘扣式钢管脚手架施工安全措施**

1）搭设方案编制与交底验收

搭设方案编制与交底验收参考碗扣式钢管脚手架施工安全措施相关部分内容。

2）架体基础

（1）架体基础应按方案要求平整、夯实，并采取排水措施。

（2）立杆底部应设置垫板和可调底座，并应符合规范要求。

（3）架体纵、横向扫地杆设置应符合规范要求。

3）杆件设置

（1）立杆间距与水平杆步距严格按照设计方案和规范要求布置。当遇到门洞等出入口时，按要求进行加固处理。禁止立杆悬空固定在水平杆上。

（2）按设计方案的步距在立杆连接插盘处必须设置纵、横向水平杆。

（3）当双排脚手架的水平杆未设挂扣式钢脚手板时，应按规范要求设置水平斜杆。

（4）立杆的接长位置应符合规范要求。

4）连墙件布置

（1）架体与主体结构采用连墙件连接固定，架体拉结点应固定牢固、可靠。

（2）连墙件应从架体底层第一步纵向水平杆处开始设置，当该处设置有困难时，应采取其他可靠措施固定。

（3）连墙件必须采用刚性杆件。

5）支撑布置

（1）架体竖向斜杆、剪刀撑的设置应符合规范要求。

（2）竖向斜杆的两端应固定在纵、横向水平杆与立杆交汇的盘扣节点处。

（3）斜杆及剪刀撑应沿脚手架高度连续设置，角度符合规范要求。

（4）剪刀撑的接长应符合规范要求。

6）脚手板与防护设施

（1）脚手板材质、规格应符合规范要求，铺板应严密、平整、牢固。

（2）挂扣式钢脚手板的挂扣必须完全挂扣在水平杆上，挂钩应处于锁住状态。

（3）架体外侧应采用密目式安全网封闭，网间连接应严密。

（4）每作业层设置高度不低于 1.2m 的防护栏杆，作业层外侧设置高度不小于 180mm 的挡脚板。

（5）作业层脚手板下应采用安全网兜底，以下每隔 10m 应采用安全平网封闭；作业层里排脚手架体与建筑物之间应采用脚手板或安全网封闭。

7）通道布置

通道设置参考扣件式钢管脚手架施工安全措施相关部分内容。

**4. 悬挑式脚手架施工安全措施**

1）搭设方案编制与交底验收

（1）脚手架搭设前，应编制专项施工方案。对于超过一定规模的危险性较大的脚手架工程（一次性搭设高度大于 20m），制订的专项施工方案须通过专家论证。

（2）搭设操作前，根据审核通过的施工方案，结合现场作业条件和队伍，组织现场作业人员和相关管理人员进行搭设施工安全技术交底，并应有双方签字的书面记录。

（3）脚手架搭设应有专人指挥，当架体分段搭设、分段使用时，应进行分段验收；明确搭设、检查、验收、使用监督和拆除等相关职责，验收应办理验收手续，并有量化内容和经责任人签字确认。

2）悬挑钢梁设置

（1）钢梁采用双轴对称截面的型钢，型号尺寸应经设计计算确定。

（2）钢梁锚固端长度按设计计算确定，并不应小于悬挑长度的 1.25 倍。

（3）钢梁锚固处 U 形钢筋拉环或锚固螺栓直径不小于 16mm，应采用冷弯成型，U 形钢筋拉环、锚固螺栓与型钢间隙用钢楔或硬木楔楔紧。U 形钢筋或锚固螺栓预埋在楼层梁或板内，并与梁或板的底层钢筋绑扎牢固，锚固长度按现行国家混凝土结构设计规定确定。

（4）钢梁外端应设置钢丝绳或钢拉杆与上层建筑结构拉结，钢丝绳或钢拉杆与建筑结构拉结的吊环应使用 HPB235 级钢筋，直径不小于 20mm。吊环锚固长度按照现行国家混凝土结构设计规范规定。

（5）钢梁间距应按悬挑架体立杆纵距设置。

（6）型钢梁悬挑端须设置使架体立杆与钢梁可靠固定的定位点，定位点离端部不少于 100mm。

3）杆件布置

（1）立杆纵、横向间距，纵向水平杆步距应符合设计和规范要求，严禁随意加大更改。

（2）作业层应按脚手板铺设的需要增加横向水平杆。

4）架体稳定

（1）立杆底部应与钢梁连接柱固定。

（2）承插式立杆接长应采用螺栓或销钉固定。

（3）纵、横向扫地杆的设置应符合规范要求。

（4）剪刀撑应沿悬挑架体高度连续设置，角度应为 45°～60°。

（5）架体应按规定设置横向斜撑。

（6）架体应采用刚性连墙件与建筑结构拉结，在第一步顶及顶层脚手架顶步均须设置，其余位置按照二步三跨并满足每根连墙件覆盖面积不大于 27m²。

5）脚手板与安全防护

（1）脚手板材质、规格应符合规范要求。

（2）脚手板铺设应严密、牢固，探出横向水平杆长度不应大于 150mm。

（3）作业层应按规范要求设置高度不低于 1.2m 的防护栏杆，作业层外侧应设置高度不小于 180mm 的挡脚板。

（4）架体外侧应采用密目式安全网封闭，网间连接应严密。

（5）架体作业层脚手板下应采用安全平网兜底，以下每隔 10m 应采用安全平网封闭。

（6）作业层里排架体与建筑物之间应采用脚手板或安全平网封闭。

（7）架体底层应进行封闭，并沿建筑结构边缘在悬挑钢梁与悬挑钢梁之间应采取措施封闭。

6）通道设置

通道设置参考扣件式钢管脚手架施工安全措施相关部分内容。

**5. 门式钢管脚手架施工安全措施**

1）搭设方案编制与交底验收

（1）脚手架搭设前，应编制专项施工方案。对于超过一定规模的危险性较大的脚手架工程（搭设高度大于 45m），制订的专项施工方案须通过专家论证。

（2）搭设操作前，根据审核通过的施工方案，结合现场作业条件和队伍，组织对现场作业人员和相关管理人员进行搭设施工安全技术交底，并应有双方签字的书面记录。

（3）脚手架搭设应有专人指挥，当架体分段搭设、分段使用时，应进行分段验收。明确搭设、检查、验收、使用监督和拆除等相关职责，验收应办理验收手续，并有量化内容和经责任人签字确认。

2）架体基础

（1）基础应按方案要求施工，回填土要分层进行并逐层夯实；场地排水顺畅，没有积水。

（2）底部门架立杆底端设置固定底座或可调底座，底座插入立杆长度不小于 150mm。

（3）在立杆底部离地面 200mm 处加设纵、横向扫地杆，纵向杆在上，横向杆在下，并用扣件固定在门架立杆上。

3）架体稳定

（1）架体与建筑物结构必须设置刚性连墙件进行拉结固定。连墙件从架体首层首步开始，连墙点之上的悬臂架体高度不超过 2 步。连墙件竖向高度不大于建筑层高且不大于 4m。当架体高度在 40m 内时连墙点间距为不大于三步三跨（每个连墙点覆盖面积 33m²），当架体高度大于 40m 时连墙点间距不大于二步三跨（每个连墙点覆盖面积 22m²）。转交处和开口架体端部必须设置连墙件。连墙件应水平布置，并与门架立杆固定牢固。

（2）架体应设置由底至顶连续的剪刀撑，剪刀撑斜杆与地面的夹角应在 45°～60°，应采用旋转扣件与立杆固定，每道剪刀撑宽度不大于 6 个跨距并不大于 9m，也不小于 4 个跨距且不小于 6m。剪刀撑允许搭接接长，搭接长度不小于 1m，并用 3 个扣件固定。

（3）门架上下榀立杆应在同一轴线位置，门架轴线对接偏差不应大于 2mm。

（4）门架外侧应按步满设交叉支撑，当内侧不设交叉支撑时，应按步设置水平加固杆。交叉支撑应与立杆上的锁销锁牢。

（5）架体转角处内外立杆应按步设置水平连接杆或斜杆，将转交两侧架体连成整体。

4）杆件与锁臂

（1）门架与配件应配套使用，严禁将不同型号的架体与配件混合安装。上下榀门架连接必须采用连接棒，插入深度不少于 30mm。上下榀门架连接应设置锁臂固定。

（2）架体外侧顶层、有连墙件的水平层均应设置水平纵向加固杆，水平加固杆沿竖向高度不超过 4 步。每道水平加固杆应通长连续设置且靠近门架横杆，用扣件扣紧。采用搭接接长，搭接长度不小于 1m，并用 3 个扣件扣紧。

（3）架体使用的扣件规格应与连接杆件相匹配。

5）脚手板与安全防护

（1）脚手板材质、规格应符合规范要求。

（2）脚手板应铺设严密、平整、牢固。

（3）挂扣式钢脚手板的挂扣必须完全挂扣在水平杆上，挂钩应处于锁住状态。

（4）作业层应按规范要求设置高度不低于 1.2m 的防护栏杆，作业层外侧应设置高度不小于 180mm 的挡脚板。

（5）架体外侧应采用密目式安全网封闭，网间连接应严密。

（6）架体作业层脚手板下应采用安全平网兜底，以下每隔 10m 应采用安全平网封闭。

6）通道设置

（1）架体应设置供人员上下的专用通道。

（2）通道采用挂钩式专用钢梯，形式为 Z 字形布置，一个梯段宜跨越 2 步或 3 步门架再转折。当采用垂直型挂梯时，应采用护圈式挂梯，并设置安全锁。

**6. 满堂脚手架施工安全措施**

1）搭设方案编制与交底验收

（1）脚手架搭设前，应编制专项施工方案。对于超过一定规模的危险性较大的脚手架工程（搭设高度大于等于 8m），编制的专项施工方案须通过专家论证。

（2）搭设操作前，根据审核通过的施工方案，结合现场作业条件和队伍，组织对现场作业人员和相关管理人员进行搭设施工安全技术交底，并应有双方签字的书面记录。

（3）脚手架搭设应有专人指挥，当架体分段搭设、分段使用时，应进行分段验收。明确搭设、检查、验收、使用监督和拆除等相关职责，验收应办理验收手续，并有量化内容和经责任人签字确认。

2）架体基础

（1）架体基础应按方案要求平整、地基夯压密实，并有排水措施。

（2）回填土须严格分层夯压，密实度达到方案要求，浇筑不少于 80mm 厚混凝土。

（3）在立杆底部离地面 200mm 处加设纵横向扫地杆，纵向杆在上，横向杆在下，并用扣件固定在立杆上。

3）架体稳定

（1）架体外侧四周设置连续竖向垂直剪刀撑，架体中部纵、横向每5～8m由底至顶设置连续竖向剪刀撑。剪刀撑斜杆与地面的夹角应为45°～60°。

（2）当架体高度在8m以下时，在架体底部（扫地杆处）及顶部设置连续水平剪刀撑；当架体高度大于8m时，在架体底部（扫地杆处）、顶部及竖向不超过8m处分别设置连续水平剪刀撑。水平剪刀撑位置宜在竖向垂直剪刀撑斜杆相交平面位置设置。

（3）架体高宽比不应大于3，当架体高宽比大于2时，应在架体四周或内部水平间隔6～9m、竖向间隔4～6m处设置连墙件与建筑结构拉结，当无法设置连墙件时，可采取增加架体宽度、设置钢丝绳张拉固定等稳定措施。

4）杆件锁件

（1）架体立杆件间距、水平杆步距应符合专项设计方案和规范要求。

（2）竖向和水平杆件的接长应采用对接接头；剪刀撑接长采用搭接接头，搭接长度不少于1m，并用3个扣件固定牢固。

（3）架体搭设应牢固，杆件节点应按规范要求进行紧固。

5）脚手板与安全防护

（1）脚手板材质、规格应符合规范要求。

（2）脚手板应铺设严密、平整、牢固。

（3）挂扣式钢脚手板的挂扣必须完全挂扣在水平杆上，挂钩应处于锁住状态。

（4）作业层四周临空处应按规范要求设置高度不低于1.2m的防护栏杆，作业层外侧应设置高度不小于180mm的挡脚板。

（5）架体作业层脚手板下应采用安全平网兜底，以下每隔10m应采用安全平网封闭。

6）通道设置

通道设置参考扣件式钢管脚手架施工安全措施相关部分内容。

**7. 附着升降脚手架施工安全措施**

1）搭设方案编制与交底验收

（1）脚手架搭设前，应编制专项施工方案。对于超过一定规模的危险性较大的脚手架工程（提升高度大于5倍楼层高），制订的专项施工方案须通过专家论证。

（2）搭设操作前，根据审核通过的施工方案，结合现场作业条件和队伍，组织对现场作业人员和相关管理人员进行搭设施工安全技术交底，并应有双方签字的书面记录。作业人员应经培训并定岗作业，特种作业人员应持证上岗。

（3）脚手架搭设单位应有专项施工资质，搭设时应有专人指挥；动力装置、主要结构配件进场应按规定进行验收；当架体分区段安装、分区段使用时，应进行分区段验收；验收应办理验收手续，并有量化内容和经责任人签字确认；架体每次升、降前均应按规定进行检查并填写检查记录，架体每次升、降后要进行验收并填写验收记录。架体安装、升降、拆除时应设置安全警戒区，并应设置专人监护。

2）安全装置

（1）附着式升降脚手架应安装防坠落、防倾覆和同步升降控制的安全装置，技术性能应符合规范要求。

（2）防坠落装置与升降设备应分别独立固定在建筑结构上。

（3）防坠落装置应设置在竖向主框架处，与建筑结构附着；每一升降点不得少于一个防坠落装置；防坠落装置必须采用机械式的全自动装置，严禁使用手动装置。防坠落装置的制动距离：整体式升降脚手架不大于80mm，单跨式升降脚手架不大于150mm。防坠落装置应有防尘、防污染措施，并应灵敏可靠、运转自如。

（4）防倾覆装置应包括导轨和两个以上与导轨连接的可滑动导向件；在防倾导向件的范围内应设置防倾导轨，且应与竖向主框架可靠连接。防倾覆装置应具有防止竖向主框架倾斜的功能。在升降和使用工况时，最上和最下两个导向件之间的最小间距不得小于2.8m或架体高度的1/4。

（5）附着式升降脚手架升降时，必须配备有限制荷载或水平高差的同步控制系统。荷载控制系统应具备超载报警功能，当某一机位荷载超过设计值的15％时，应有声光形式的自动报警，当荷载超过30％时，应使升降设备自动停机。高差控制系统具备自动停机功能，当水平支承桁架两端高差达到30mm时，应能自动停机。

3）架体构造

（1）架体高度不应大于5倍楼层高度，宽度不应大于1.2m。

（2）直线布置的架体支承跨度不应大于7m，折线、曲线布置的架体支撑点处的架体外侧距离不应大于5.4m。

（3）架体水平悬挑长度不应大于2m，且不应大于跨度的1/2。

（4）架体悬臂高度不应大于架体高度的2/5，且不应大于6m。

（5）架体高度与支承跨度的乘积不应大于110m²。

（6）竖向主框架的底部应设置水平支承桁架，其宽度应与主框架相同，平行于墙面，高度不小于1.8m。

（7）物料平台不得与附着升降架体任何部位和杆件连接。

4）附着支座

（1）附着支承结构应包括附墙支座、悬臂梁及斜拉杆。每个楼层处应设一道附墙支座。

（2）使用工况应将竖向主框架与附着支座固定。

（3）升降工况应将防倾、导向装置设置在附着支座上。

（4）附着支座应采用锚固螺栓与建筑结构连接固定，受拉螺栓的螺母不得少于两个，螺杆露出螺母端部长度不少于3扣且不得小于10mm。

5）架体安装

（1）主框架和水平支承桁架的节点应采用焊接或螺栓连接，各杆件的轴线应汇交于节点。

（2）内外两片水平支承桁架的上弦和下弦之间应设置水平支撑杆件，各节点应采用焊接或螺栓连接。

（3）架体立杆底端应设在水平支承桁架上弦杆的节点处。

（4）竖向主框架组装高度应与架体高度相等。

（5）剪刀撑应沿架体高度连续设置，并应将竖向主框架、水平支承桁架和架体构架连成一体，剪刀撑斜杆水平夹角应为45°～60°。

6）架体升降

（1）两跨以上架体同时升降，应采用电动或液压动力装置，不得采用手动装置。

（2）升降工况附着支座处建筑结构混凝土强度应符合设计和规范要求。

（3）升降工况架体上不得有施工荷载，严禁人员在架体上停留。

（4）升降过程中应实行统一指挥、统一指令。

7）脚手板与安全防护

（1）脚手板材质、规格应符合规范要求。脚手板应铺设严密、平整、牢固。

（2）作业层里排架体与建筑物之间应采用脚手板或安全平网封闭。

（3）架体外侧应采用密目式安全网封闭，网间连接应严密。

（4）作业层应按规范要求设置高度不低于1.2m的防护栏杆；作业层外侧应设置高度不小于180mm的挡脚板。

（5）荷载分布应均匀，荷载最大值应在规范允许范围内。

**8. 高处作业吊篮施工安全措施**

1）搭设方案编制与交底验收

（1）吊篮安装作业应编制专项施工方案，吊篮支架支撑处的结构承载力应经过验算。专项施工方案应按规定进行审核、审批。

（2）搭设操作前，根据审核通过的施工方案，结合现场作业条件和队伍，组织对现场作业人员和相关管理人员进行搭设施工安全技术交底，并应有双方签字的书面记录。

（3）吊篮安装完毕，应按规范要求进行验收，验收表应由责任人签字确认。

（4）班前、班后应按规定对吊篮进行检查与验收。

2）安全装置

（1）吊篮应安装防坠安全锁，防坠安全锁应灵敏有效，不应超过标定期限。安全锁扣的配件应完好、齐全，规格和方向标识应清晰。

（2）吊篮应设置为作业人员挂设安全带专用的安全绳和安全锁扣，安全绳应固定在建筑物可靠位置上，不得与吊篮上的任何部位连接。

（3）吊篮应安装上限位装置，并应保证限位装置灵敏可靠。

（4）吊篮应安装防护棚，防止高处坠物，造成作业人员伤害。

3）悬挂机构

（1）悬挂机构前支架不得支撑在女儿墙及建筑物外挑檐边缘等非承重结构上。

（2）悬挂机构前梁外伸长度应符合产品说明书规定。

（3）前支架应与支撑面垂直，且脚轮不应受力。

（4）上支架应固定在前支架调节杆与悬挑梁连接的节点处。

（5）严禁使用破损的配重块或其他替代物。

（6）配重块应固定可靠，重量应符合设计规定。

4）钢丝绳

（1）钢丝绳不应存断丝、断股、松股、锈蚀、硬弯及油污和附着物。

（2）安全钢丝绳应单独设置，型号规格应与工作钢丝绳一致。

（3）吊篮运行时安全钢丝绳应张紧悬垂。

（4）电焊作业时应对钢丝绳采取保护措施。

5）安装作业

（1）吊篮平台的组装长度应符合产品说明书和规范要求。

（2）吊篮的构配件应为同一厂家的产品。

6）升降作业

（1）必须由经过培训合格的人员操作吊篮升降。

（2）吊篮内的作业人员不应超过2人。

（3）吊篮内作业人员应将安全带用安全锁扣正确挂置在独立设置的专用安全绳上。

（4）作业人员应从地面进出吊篮。

7）安全防护

（1）吊篮平台周边的防护栏杆、挡脚板的设置应符合规范要求。

（2）上下立体交叉作业时吊篮应设置顶部防护板。

（3）吊篮作业时应采取防止摆动的措施。

（4）吊篮与作业面的距离应在规定要求范围内。

（5）吊篮施工荷载应符合设计要求，施工荷载应均匀分布。

# 7.4 脚手架拆除安全措施

**1. 扣件式、碗扣式和承插型盘扣式钢管脚手架拆除安全措施**

（1）脚手架拆除应按照专项方案施工，拆除前应做好以下准备工作。

① 全面检查脚手架的扣件连接、连墙件、支撑体系等是否符合构造要求。

② 根据检查结果补充完善脚手架方案中的拆除顺序和措施，经审批后方可实施。

③ 拆除前应对施工作业人员进行交底。

④ 清除脚手架上杂物及地面障碍物。

（2）单、双排脚手架拆除作业必须由上而下逐层进行，严禁上下同时作业；连墙杆必须随脚手架逐层拆除，严禁先将连墙件整层或数层拆除后再拆脚手架；分段拆除高差大于两步时，应设连墙件加固。

（3）当脚手架拆至下部最后一根长立杆的高度时，应先在适当位置搭设临时抛撑加固，再拆除连墙件。当单、双排脚手架采取分段、分立面拆除时，不拆的脚手架两端应加设连墙件和横向斜撑。

（4）架体拆除作业应设专人指挥，当有多人同时操作时，应明确分工、统一行动，且具有足够的操作面。

（5）拆除的脚手架构配件应采用起重设备吊运或人工传递到地面，各构配件严禁抛掷至地面。

（6）运至地面的构配件应按规范规定及时检查、整修与保养，并按品种、规格分别存放。

**2. 门式钢管脚手架拆除安全措施**

（1）脚手架拆除应按照专项方案施工，拆除前应做好以下准备工作。

① 应对拆除的架体进行拆除前检查，当发现连墙件、加固杆缺少，拆除过程中架体产生倾斜失稳情况时，应先加固再拆除。

② 根据检查结果补充完善脚手架方案中的拆除顺序和措施，经审批后方可实施。

③ 清除脚手架上材料、杂物及作业面的障碍物。

（2）架体应从上而下逐层拆除。同层杆件和配件应按先外后内的顺序拆除，剪刀撑、斜撑杆等加固件应在拆除到该部位时再拆。

（3）连墙件应随门架逐层拆除，严禁先将连墙件整层或数层拆除后再拆脚手架；分段拆除高差大于两步时，应设连墙件加固。

（4）拆除连接部件时，应将止退装置旋转至开启位置，然后拆除，不得硬拉、敲击。拆除过程中，不得使用手锤等硬物击打、撬别。

（5）门式脚手架采取分段拆除时，对不拆的脚手架两端，应先加固，然后进行拆除作业。

（6）门架与配件应采取机械或人工搬运至地面，严禁抛掷。

（7）拆下的门架、配件和杆件不能集中堆放在未拆除的架体上，并应及时检查、整修和保养，按品种、规格分别存放。

**3. 附着升降脚手架拆除安全措施**

（1）附着升降脚手架拆除应按照专项施工方案和安全操作规程的有关要求进行。

（2）应对拆除人员进行安全技术交底。

（3）拆除时应有可靠的防止人员或物料坠落的措施，拆除的材料及设备不得抛扔。

（4）拆除作业应在白天进行。遇到5级及以上大风和大雨、大雪、浓雾和雷雨等恶劣天气时，不得进行拆除作业。

**4. 高处作业吊篮拆除安全措施**

（1）高处作业吊篮拆除要按照专项方案进行，并在专业人员指挥下实施。

（2）拆除前应将吊篮平台下落至地面，并将钢丝绳从提升机、安全锁中退出，切断总电源。

（3）拆除支承悬挂机构时，应对作业人员和设备采取相应的安全措施。

（4）拆卸分解后的构配件不得摆放在建筑物边缘，应采取防止坠落的措施。零散物品应放置在容器中，不得将吊篮任何部件从屋顶处抛下。

# 7.5 扣件式钢管脚手架安全检查

依据《建筑施工安全检查标准》（JGJ 59—2011）的规定，扣件式钢管脚手架安全检查有以下要求。

**1. 扣件式钢管脚手架安全检查评定项目**

保证项目包括：施工方案、立杆基础、架体与建筑结构拉结、杆件间距与剪刀撑、脚手板与防护栏杆、交底与验收。

一般项目包括：横向水平杆设置、杆件搭接、架体防护、脚手架材质、通道。

**2. 保证项目的检查评定应符合的规定**

1）施工方案

（1）架体搭设应有施工方案，搭设高度超过24m的架体应单独编制安全专项方案，结构设计应进行设计计算，并按规定进行审核、审批。

（2）搭设高度超过50m的架体，应组织专家对专项方案进行论证，并按专家论证意见组织实施。

（3）施工方案应完整，能正确指导施工作业。

2）立杆基础

（1）立杆基础应按方案要求平整、夯实，并设排水设施，基础垫板及立杆底座应符合规范要求。

（2）架体应设置距地高度不大于 200mm 的纵、横向扫地杆，并用直角扣件固定在立杆上。

3）架体与建筑结构拉结

（1）架体与建筑物拉结应符合规范要求。

（2）连墙件应靠近主节点设置，偏离主节点的距离不应大于 300mm。

（3）连墙件应从架体底层第一步纵向水平杆开始设置，并应牢固可靠。

（4）搭设高度超过 24m 的双排脚手架应采用刚性连墙件与建筑物可靠连接。

4）杆件间距与剪刀撑

（1）架体立杆、纵向水平杆、横向水平杆间距应符合规范要求。

（2）纵向剪刀撑及横向斜撑的设置应符合规范要求。

（3）剪刀撑杆件接长、剪刀撑斜杆与架体杆件连接应符合规范要求。

5）脚手板与防护栏杆

（1）脚手板材质、规格应符合规范要求，铺板应严密、牢靠。

（2）架体外侧应封闭密目式安全网，网间应严密。

（3）作业层应在高度 1.2m 和 0.6m 处设置上、中两道防护栏杆。

（4）作业层外侧应设置高度不小于 180mm 的挡脚板。

6）交底与验收

（1）架体搭设前应进行安全技术交底。

（2）搭设完毕应办理验收手续，验收内容应量化。

**3. 一般项目的检查评定应符合的规定**

1）横向水平杆设置

（1）横向水平杆应设置在纵向水平杆与立杆相交的主节点上，两端与大横杆固定。

（2）作业层铺设脚手板的部位应增加设置小横杆。

（3）单排脚手架横向水平杆插入墙内应大于 18cm。

2）杆件搭接

（1）纵向水平杆杆件搭接长度不应小于 1m，且固定应符合规范要求。

（2）立杆除顶层顶步外，不得使用搭接。

3）架体防护

（1）架体作业层脚手板下应用安全平网双层兜底，以下每隔 10m 应用安全平网封闭。

（2）作业层与建筑物之间应进行封闭。

4）脚手架材质

（1）钢管直径、壁厚、材质应符合规范要求。

（2）钢管弯曲、变形、锈蚀应在规范允许范围内。

（3）扣件应进行复试且技术性能符合规范要求。

5）通道

架体必须设置符合规范要求的上下通道。

**4. 扣件式钢管脚手架检查评分表**

扣件式钢管脚手架安全检查是扣件式钢管脚手架作业的安全控制措施，通过扣件式钢管脚手架检查评分表（表7-1），对保证项目和一般项目进行安全检查，及时发现不符合规定的或不安全因素，采取有效的防范措施，确保扣件式钢管脚手架作业安全。

表 7-1　扣件式钢管脚手架检查评分表

| 序号 | 检查项目 | | 扣 分 标 准 | 应得分数 | 扣减分数 | 实得分数 |
|---|---|---|---|---|---|---|
| 1 | 保证项目 | 施工方案 | 架体搭设未编制施工方案或搭设高度超过24m未编制专项施工方案扣10分；<br>架体搭设高度超过24m，未进行设计计算或未按规定审核、审批扣10分；<br>架体搭设高度超过50m，专项施工方案未按规定组织专家论证或未按专家论证意见组织实施扣10分；<br>施工方案不完整或不能指导施工作业扣5~8分 | 10 | | |
| 2 | | 立杆基础 | 立杆基础不平、不实、不符合方案设计要求扣10分；<br>立杆底部底座、垫板或垫板的规格不符合规范要求每一处扣2分；<br>未按规范要求设置纵、横向扫地杆扣5~10分；<br>扫地杆的设置和固定不符合规范要求扣5分；<br>未设置排水措施扣8分 | 10 | | |
| 3 | | 架体与建筑结构拉结 | 架体与建筑结构拉结不符合规范要求每处扣2分；<br>连墙件距主节点距离不符合规范要求每处扣4分；<br>架体底层第一步纵向水平杆处未按规定设置连墙件或未采用其他可靠措施固定每处扣2分；<br>搭设高度超过24m的双排脚手架，未采用刚性连墙件与建筑结构可靠连接扣10分 | 10 | | |
| 4 | | 杆件间距与剪刀撑 | 立杆、纵向水平杆、横向水平杆间距超过规范要求每处扣2分；<br>未按规定设置纵向剪刀撑或横向斜撑每处扣5分；<br>剪刀撑未沿脚手架高度连续设置或角度不符合要求扣5分；<br>剪刀撑斜杆的接长或剪刀撑斜杆与架体杆件固定不符合要求每处扣2分 | 10 | | |
| 5 | | 脚手板与防护栏杆 | 脚手板未满铺或铺设不牢、不稳扣7~10分；<br>脚手板规格或材质不符合要求扣7~10分；<br>每有一处探头板扣2分；<br>架体外侧未设置密目式安全网或网间不严扣7~10分；<br>作业层未在高度1.2m和0.6m处设置上、中两道防护栏杆扣5分；<br>作业层未设置高度不小于180mm的挡脚板扣5分 | 10 | | |

续表

| 序号 | 检查项目 | | 扣 分 标 准 | 应得分数 | 扣减分数 | 实得分数 |
|---|---|---|---|---|---|---|
| 6 | 保证项目 | 交底与验收 | 架体搭设前未进行交底或交底未留有记录扣 5 分；<br>架体分段搭设分段使用未办理分段验收扣 5 分；<br>架体搭设完毕未办理验收手续扣 10 分；<br>未记录量化的验收内容扣 5 分 | 10 | | |
| | 小　计 | | | 60 | | |
| 7 | 一般项目 | 横向水平杆设置 | 未在立杆与纵向水平杆交点处设置横向水平杆每处扣 2 分；<br>未按脚手板铺设的需要增加设置横向水平杆每处扣 2 分；<br>横向水平杆没有固定每处扣 1 分；<br>单排脚手架横向水平杆插入墙内小于 18cm 每处扣 2 分 | 10 | | |
| 8 | | 杆件搭接 | 纵向水平杆搭接长度小于 1m 或固定不符合要求每处扣 2 分；<br>立杆除顶层顶步外采用搭接每处扣 4 分 | 10 | | |
| 9 | | 架体防护 | 作业层未用安全平网双层兜底,且以下每隔 10m 未用安全平网封闭扣 10 分；<br>作业层与建筑物之间未进行封闭扣 10 分 | 10 | | |
| 10 | | 脚手架材质 | 钢管直径、壁厚、材质不符合要求扣 5 分；<br>钢管弯曲、变形、锈蚀严重扣 4～5 分；<br>扣件未进行复试或技术性能不符合标准扣 5 分 | 5 | | |
| 11 | | 通道 | 未设置人员上下专用通道扣 5 分；<br>通道设置不符合要求扣 1～3 分 | 5 | | |
| | 小　计 | | | 40 | | |
| | 检查项目合计 | | | 100 | | |

【任务思考】

## 任务工作单

（1）按脚手架的支固方式划分，脚手架可分为哪些种类？

（2）脚手架安全作业基本要求有哪些？

（3）扣件式钢管脚手架施工安全措施有哪些？

（4）脚手架拆除的安全措施有哪些？

（5）扣件式钢管脚手架检查评分表的检查项目有哪些？

（6）如何做好脚手架工程施工安全标准化？

**任务练习**

**1. 单项选择题**

（1）脚手架按用途可分为（    ）。

A. 单排脚手架和双排脚手架  　　B. 操作（作业）脚手架和防护用脚手架

C. 落地式脚手架和悬挑脚手架  　　D. 扣接式脚手架和销栓式脚手架

（2）脚手架杆件为竹杆时，竹杆应选用生长期三年以上的毛竹或楠竹，不得使用弯曲、青嫩、枯脆、腐烂、裂纹连通两节以上及虫蛀的竹杆，立杆、顶撑、斜杆有效部分的小头直径不得小于（    ）mm。

A. 75　　　　　　B. 70　　　　　　C. 65　　　　　　D. 60

（3）同一脚手架中，不得混用两种质量标准的材料，（    ）将两种规格钢管用于同一脚手架中。

A. 尽量　　　　　　B. 允许　　　　　　C. 可以　　　　　　D. 不得

（4）木脚手板厚度不得小于（    ）mm，板宽宜为 200～300mm，两端用镀锌钢丝扎紧，材质不得低于国家 Ⅱ 等材标准的杉木和松木，且不得使用腐朽、劈裂的木板。

A. 45　　　　　　B. 50　　　　　　C. 30　　　　　　D. 40

（5）脚手架高度超过（    ）mm 且有风涡流作用时，应设置抗风涡流上翻作用的连墙措施。

A. 25　　　　　　B. 35　　　　　　C. 40　　　　　　D. 30

（6）下列关于脚手架的搭设高度，叙述正确的是（    ）。

A. 钢管脚手架中，扣件式单排架的搭设高度不宜超过 24m

B. 钢管脚手架中，扣件式双排架的搭设高度不宜超过 55m

C. 木脚手架中，单排架的搭设高度不宜超过 24m

D. 木脚手架中，双排架的搭设高度不宜超过 35m

（7）建筑工程外脚手架外侧采用的全封闭立网，其网目密度不应低于（    ）目/100cm²。

A. 800　　　　　　B. 1000　　　　　　C. 1500　　　　　　D. 2000

（8）遇有（    ）级以上强风、浓雾等恶劣气候，不得进行露天攀登与悬空高处作业。

A. 5　　　　　　B. 6　　　　　　C. 7　　　　　　D. 8

（9）在脚手架主节点处必须设置一根（    ），用直角扣件扣紧，且严禁拆除。

A. 纵向杆件　　B. 连墙件　　　　C. 竖向立杆　　　D. 横向水平杆

（10）扣件式钢管脚手架应沿全高设置剪刀撑，架高在 24m 以下时，沿脚手架长度间隔不大于（    ）m 设置剪刀撑，架高在 24m 以上时，沿脚手架全长连续设置剪刀撑，并设置横向斜撑，横向斜撑由架底至架顶呈"之"字形连续布置，沿脚手架长度间隔 6 跨设置一道。

A. 18　　　　　　B. 16　　　　　　C. 15　　　　　　D. 20

**2. 多项选择题**

（1）脚手架搭设完成后要组织检查验收，下列说法正确的是（    ）。

A. 项目部每周组织一次对脚手架的检查

B. 项目安全员要不定时地对脚手架检查

C. 项目安全员要组织相关人员专项检查

D. 房号施工员要不间断地对脚手架巡查

（2）搭拆脚手架的人员,必须( )。

　　A. 戴安全帽　　　B. 系安全带　　　　C. 戴手套　　　　D. 穿防护服

（3）关于悬挑脚手架搭设,下列说法正确的是( )。

　　A. 架体与主体间的连墙件必须采用钢筋且固定牢固

　　B. 悬挑梁可以采用不低于 16 号的工字钢制作

　　C. 脚手架作业层外必须设置不低于 1.2m 的防护栏杆

　　D. 脚手架外侧应设置间隔式剪刀撑并固定牢固

（4）( )措施符合脚手架安全技术要求。

　　A. 脚手架材料须进行进场抽样复试并合格才能使用

　　B. 脚手架基础下方或旁边禁止摆放设备基础或管沟

　　C. 脚手架应设安全防护栏杆,外围应用密目式安全网封闭

　　D. 脚手架顶部应设置避雷针,底部设接地装置,并保证上下贯通

（5）有( )天气情形时,应暂停在脚手架上的作业。

　　A. 5 级及以上大风　　　　　　　　B. 大雾

　　C. 大雨　　　　　　　　　　　　　D. 大雪

**3. 编制脚手架工程施工安全技术交底方案**

根据提供的实际工程案例编制脚手架工程施工安全技术交底方案(表 7-2)。

表 7-2　安全技术交底

施工单位:

| 工程名称 | | 施工部位(层次) | |
|---|---|---|---|
| 交底提要 | 脚手架工程施工安全技术交底 | 交底日期 | |
| 交底内容:<br><br>（1）施工作业条件<br><br><br>（2）操作工艺流程<br><br><br>（3）施工操作要点与要求<br><br><br>（4）施工安全技术措施<br><br><br>（5）安全检查与评定 | | | |
| 交底人 | | 接收人签字 | |
| 项目负责人 | | | |
| 执行情况 | | 安全员:　　　　　年　　月　　日 | |

注:交底一式三份,交底人、接收人、安全员各一份。

# 任务 8  模板工程施工安全控制

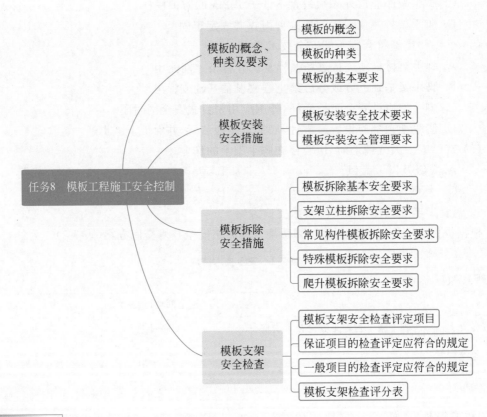

| 任务8　模板工程施工安全控制 | 模板的概念、种类及要求 | 模板的概念 |
| | | 模板的种类 |
| | | 模板的基本要求 |
| | 模板安装安全措施 | 模板安装安全技术要求 |
| | | 模板安装安全管理要求 |
| | 模板拆除安全措施 | 模板拆除基本安全要求 |
| | | 支架立柱拆除安全要求 |
| | | 常见构件模板拆除安全要求 |
| | | 特殊模板拆除安全要求 |
| | | 爬升模板拆除安全要求 |
| | 模板支架安全检查 | 模板支架安全检查评定项目 |
| | | 保证项目的检查评定应符合的规定 |
| | | 一般项目的检查评定应符合的规定 |
| | | 模板支架检查评分表 |

## 知识目标

1. 熟悉模板的概念、种类及要求。
2. 熟悉模板安装安全措施。
3. 熟悉模板拆除安全措施。
4. 掌握模板支架安全检查。

## 能力目标

1. 能编制模板工程施工安全技术交底方案。
2. 能对某建筑施工模板工程进行安全检查。

## 素质目标

1. 树立"安全第一、预防为主"的职业情感。
2. 培养精益求精的工匠精神,以及遵章守纪的职业操守。

**相关知识链接**

1. 模板的概念、种类及要求。
2. 模板安装安全措施。
3. 模板拆除安全措施。
4. 模板支架安全检查。

模板工程施工
安全控制

**职业素养养成**

1. 结合模板工程安全标准化仿真教学视频，强调模板工程施工安全控制的重要性，提高安全意识，树立"安全第一、预防为主"的职业情感，培养精益求精的工匠精神，以及遵章守纪的职业操守。

2. 通过模板工程施工安全技术交底方案，以及对"模板支架安全检查"的学习，培养精益求精的工匠精神，以及遵章守纪的职业操守。

**情境创设**

通过模板工程安全标准化仿真教学视频，引导学生思考如何做好模板工程安全标准化，说明模板工程施工安全控制的重要性，特别是遵章守纪的重要性。

模板工程
安全标准化
仿真教学

# 8.1 模板的概念、种类及要求

**1. 模板的概念**

模板是新浇混凝土成型并养护，使之达到一定强度以承受自重的临时性结构并能拆除的模型板。所以，模板是与混凝土直接接触，使混凝土构件按设计规定的几何尺寸成型的模型板。

模板工程是支撑新浇混凝土的整个系统，由模板、支撑系统、紧固件三部分组成。支撑系统是保证模板形状和位置并承受模板、新浇混凝土的自重以及施工荷载的结构，并与紧固件一起保证整个模板系统的整体性和稳定性。紧固件是连接模板和固定模板的小构件。

**2. 模板的种类**

1）按材料不同分类

（1）胶合板模板

混凝土模板用的胶合板有木胶合板和竹胶合板。模板用的木胶合板通常由 5、7、9、11 层等奇数层单板经热压固化而胶合成型。相邻层的纹理方向相互垂直，通常最外层表板的纹理方向和胶合板板面的长向平行，整张胶合板的长向为强方向，短向为弱方向，使用时必须加以注意。

（2）组合钢模板

组合钢模板又称组合式定型小钢模或小钢模，主要包括平面模板、阴角模板、阳角模板、连接角模等。

（3）铝合金模板

铝合金模板系统主要由模板系统、支撑系统、紧固系统、附件系统等构成。铝合金模板承载能力高，可承受的均布荷载和混凝土侧压力与钢模板相当，与木模板相比较有明显的优势。

（4）钢框木（竹）胶合板模板

钢框木（竹）胶合板模板是以热轧异型钢为周边框架，以木胶合板、竹胶合板作板面，并加焊若干钢肋承托面板的一种新型工业化组合模板。

2）按部位或构件类型分类

（1）基础模板

基础模板是用于基础部位混凝土成型的模板，包括面板、横档和支撑件。

（2）柱子模板

柱子模板是用于竖向构件——柱混凝土成型的模板，包括面板、横档、柱箍和支撑件。

（3）梁模板

梁模板是用于水平构件——梁混凝土成型的模板，由底模板和侧模板组成。梁底模板承受垂直荷载，一般较厚，下面有支撑杆（或支撑架）承托。梁侧模板承受混凝土侧压力，底部用钉在支撑顶部的夹条夹住，顶部可由支承楼板模板的搁栅顶住，或用斜撑顶住。

（4）板模板

板模板是用于水平构件——楼板混凝土成型的模板，包括底模板、横楞和支撑杆（或支撑架）。

（5）墙模板

墙模板是用于竖向构件——墙混凝土成型的模板，包括面板、立档、横档及斜撑或支撑架。两侧板间要加钢管撑头、对拉螺栓，确保墙厚尺寸正确。

（6）楼梯模板

楼梯模板是用于斜向楼梯段板（梁）和楼梯平台板混凝土成型的模板，包括底模板、横楞和支撑杆（或支撑架）。

3）其他分类

除了按上述分类外，还有大模板、散支散拆胶合板模板、早拆模板系统、滑升模板、爬升模板、飞模、模壳模板、永久性压型钢模板等。

**3. 模板的基本要求**

1）安装质量

（1）保证成型后混凝土结构和构件的形状、尺寸和相互位置的准确。

（2）模板拼缝严密，不漏浆，接触混凝土的模板表面应平整。

（3）清水混凝土的模板面板材料应保证脱模后所需的饰面效果。

（4）脱模剂涂于模板表面后，应能有效减小混凝土与模板间的吸附力，应有一定的成膜强度，且不应影响脱模后混凝土表面的后期装饰。

（5）支架的竖向斜撑和水平斜撑应与支架同步搭设，支架应与成型的混凝土结构拉结。

（6）对现浇多层、高层混凝土结构，上、下楼层模板支架的立杆宜对准。

2）安全性

（1）模板及其支撑系统具有足够的强度、刚度和稳定性，保证施工中不变形、不破坏、不倒塌。

（2）模板表面应具有良好的耐磨性和硬度,保证成型后混凝土表面平整美观。

3）施工方便、经济适用

（1）构造简单,装拆方便,能多次周转使用。

（2）模板及支架宜选用轻质、高强、耐用的材料,连接件宜选用标准定型产品。

## 8.2 模板安装安全措施

**1. 模板安装安全技术要求**

1）安装施工方案编制与交底验收

（1）编制施工方案

模板及支撑系统安装前,应根据工程特点和施工工艺编制施工方案。模板高度≥5m、跨度≥15m、板上面荷载≥10kN/m² 或线荷载≥15kN/m 时,属于危险性较大的模板工程,要编制专项施工方案。模板高度≥8m、跨度≥18m、板上面荷载≥15kN/m² 或线荷载≥20kN/m 时,属于超过一定规模的危险性较大的模板工程,编制的专项施工方案须经过专家论证。高大模板专项施工方案主要包括:编制依据、工程概况、模板支架搭设工艺技术参数和安全技术要求、施工计划与部署、施工安全保证措施、高支架模板搭设应急预案、模板拆除、模板及支撑验收要求、高支架模板及支撑验算与相关构造图纸。

（2）安全技术交底

安装操作前,根据审核通过的施工方案,结合现场作业条件和队伍,组织对现场作业人员和相关管理人员进行搭设施工安全技术交底,并应有双方签字的书面记录。

（3）检查与验收

模板及支架安装应有专人指挥,明确搭设、检查、验收、使用监督和拆除等相关职责,验收应办理验收手续,并有量化内容和经责任人签字确认。

2）支架基础

（1）基础应坚实、平整,承载力应符合设计要求,并应能承受支架上部全部荷载。对湿陷性黄土、膨胀土,应有防水措施。对冻胀性土,应有防冻融措施。

（2）底部应按规范要求设置底座、垫板,垫板规格应有足够的强度和支承面积。对于高度超过一定规模的危险性较大的模板工程,基层土必须分层回填夯压密实,并在其上浇筑不低于80mm 厚的混凝土垫层。

（3）支架底部离地面200mm 处设置纵、横向扫地杆,纵向杆在下、横向杆在上。

（4）基础应设排水设施,并应排水畅通。

（5）当支架设在楼面结构上时,应对楼面结构强度进行验算,必要时应对楼面结构采取加固措施。上下层模板的支柱一般应安装在一条竖向中心线上。

3）支架杆件布置

（1）立杆间距应符合方案设计和规范要求,钢管立柱底部应设置垫板和底座,垫板厚度不少于50mm。钢管立柱顶部应设可调支托,U 形支托伸出钢管顶部不大于200mm,支托螺杆与钢管内径间隙不大于3mm,安装应保证上下同心。螺杆旋入螺母内长度不应少于

5倍的螺距。

(2)水平杆步距应符合方案设计和规范要求,每步距每根立杆必须有纵、横水平杆与之相连,并应按规范要求连续设置。在设有可调顶托的立杆顶部应设置一道纵、横向水平拉杆。当模板高度大于8m时,在最顶步距两道水平杆中间应加上一道水平拉杆。当模板高度大于20m时,在最顶两步距水平杆之间应分别加上一道水平拉杆。

(3)立杆和水平杆接头形式应采用牢固的对接接头,立柱禁止采用搭接。接头错开至少500mm,并分布在不同步距内和跨距内。接头中心离开主节点距离:水平杆不少于跨距的1/3,立杆不少于步距的1/3。

(4)禁止将上段立柱与下段立柱错开固定在水平杆上。

(5)杆件之间连接应牢固可靠,若采用扣件连接时,扣件紧固力矩不应小于40N·m,且不应大于65N·m。

4)支架稳定

(1)架体高宽比不应大于3,若不满足时应增加架体宽度。

(2)当架体高度超过5m时,应在架体四周或内部有结构柱的部位,按水平间隔6~9m、竖向间隔2~3m设置连墙件与建筑结构拉结。

(3)竖向、水平剪刀撑或专用斜杆、水平斜杆的设置应符合方案设计和规范要求。剪刀撑杆件可以采用搭接,搭接长度不少于1000mm,并用3个扣件固定。

(4)竖向垂直剪刀撑设置:架体外侧四周设置连续竖向垂直剪刀撑,架体中部纵、横向每5~8m由底至顶设置连续竖向剪刀撑。剪刀撑斜杆与地面顶紧,夹角应为45°~60°。当架体高度在8~20m时,除上述规定外,还须在垂直剪刀撑之间加之字撑。当架体高度大于20m时,将之字撑改为连续式剪刀撑。

(5)水平剪刀撑设置:当架体高度在8m以下时,在架体底部(扫地杆处)及顶部设置连续水平剪刀撑;当架体高大于8m时,在架体底部(扫地杆处)、顶部及竖向不超过8m分别设置连续水平剪刀撑。水平剪刀撑位置宜在竖向垂直剪刀撑斜杆相交平面位置设置。

(6)立杆伸出顶层水平杆中心线至支撑点的长度应符合规范要求。

(7)浇筑混凝土时应对架体基础沉降、架体变形进行监控,基础沉降、架体变形应在规定允许范围内。

5)荷载控制

(1)施工均布荷载、集中荷载应在设计允许范围内。

(2)当浇筑混凝土时,应对混凝土堆积高度进行控制。浇筑混凝土时均匀布料,控制卸料厚度为:板超过浇筑高度小于100mm,梁分层厚度400mm。

**2. 模板安装安全管理要求**

(1)从事模板作业人员应经过安全技术培训。安装高大模板的作业人员必须是经过考核合格的专业架子工,并持证上岗。从事高空作业人员应定期体检,不符合要求的不得从事高处作业。

(2)多人共同操作或扛抬组合模板时,必须密切配合、协调一致、互相呼应。

(3)模板安装时,上下应有人接应,随装随运,严禁抛掷。

(4)墙模板在未装对拉螺栓前,板面要向内倾斜一定角度并撑牢,以防倒塌。安装过程要随时拆换支撑或增加支撑,以保持墙板处于稳定状态。模板未支撑稳固时不得松动吊钩。

（5）安装墙模板时，应从内、外角开始，向互相垂直的两个方向拼装，连接模板的 U 形卡要正反交替安装，同一道墙（梁）的两侧模板应同时组合，以便确保模板安装时的稳定。当模板采用分层支模时，第一层模板拼装后，应立即将内、外钢楞、穿墙螺栓、斜撑等全部安设紧固稳定。当下层模板不能独立安设支承件时，必须采取可靠的临时固定措施，否则禁止进行上一层模板的安装。

（6）支模过程中如中途停歇，应将已就位的模板或支架连接稳固，不得浮搁或悬空。

（7）作业人员严禁攀登模板、斜撑杆、拉条或绳索等，不得在高处的墙顶、独立梁或其他模板上行走。

（8）当模板高度超过 15m 时，应安设避雷设施，其接地电阻不大于 4Ω。

（9）当遇到大雨、大雾、沙尘、大雪或 6 级及以上大风等恶劣天气时，应停止露天高处作业。5 级及以上大风时，应停止高空吊运作业。雨、雪停止后，应及时清除模板和地面上的积水及冰雪。

（10）模板安装和使用过程中，应加强检查，确保安全。具体内容如下。

① 立柱底部基土应回填夯实。垫木或垫板应满足设计要求。立杆底座位置正确，顶托直径和螺杆伸出长度应符合相关规定。

② 立杆的规格、位置尺寸和垂直度应符合要求，不得出现偏心荷载。扫地杆、水平拉杆、剪刀撑等设置应符合相关规定，并固定牢固可靠。

③ 各部位结合及支撑着力点是否牢固，是否存在松动、滑动、滑丝、位移或脱开崩裂现象。

④ 杆件的连接形式和接头是否符合要求，支撑部位是否坚固。

⑤ 其他工种作业时，是否有违反模板工程的安全规定，是否有损模板工程安全使用。

⑥ 安全网和各种安全设施应符合要求。

（11）夜间施工应有足够的照明，并应制定夜间施工的措施。施工临时用照明和机电设备线严禁非电工乱拉乱接，同时还要经常检查线路的完好情况，严防绝缘破损漏电伤人。

（12）当模板高度在 2m 及以上时，应遵守高处作业有关规定，搭设符合规定的作业平台，周围加设不低于 1.2m 高的安全护栏和安全网。

## 8.3 模板拆除安全措施

**1. 模板拆除基本安全要求**

（1）模板的拆除应编制拆除方案，并经技术主管部门或负责人批准。

（2）模板的拆除工作应设专人指挥，作业区应设围栏，其内不得有其他工种作业，并应设专人负责看护。拆下的模板、零配件严禁抛掷。

（3）模板的拆除顺序和方法应按模板设计规定进行，当设计无规定时，可采取先支的后拆、后支的先拆，先拆非承重模板、后拆承重模板等顺序，并应从上而下进行拆除。拆卜的模板不得抛扔，应堆放在指定地点。

（4）多人同时操作时，应分工明确，统一信号或行动，应具有足够的操作面，人员应站在安全处。

（5）高处拆模板时，应符合高处作业的规定。严禁使用大锤和撬棍，作业层上临时拆下的模板堆放高度不能超过 3 层。

（6）提前拆除互相搭连并涉及其他后拆模板的支撑时，应补设临时支撑。拆模时应逐块拆卸，不得成片撬落或拉倒。

（7）拆模中途停歇时，应将已拆松动、悬空、浮吊的模板或支架进行临时支撑牢固或相互连接稳固。对活动部件必须一次拆除，拆下的模板或配件要立即运走，防止构件坠落或作业人员扶空坠落。

（8）遇到 6 级及以上大风时，应暂停室外的高处作业。雨、雪、霜后要先清扫施工现场，方可进行施工作业。

（9）拆除洞口模板时，应采取防止操作人员坠落的措施。模板拆除后，要按国家现行标准《建筑施工高处作业安全技术规范》的有关规定及时进行防护。

**2. 支架立柱拆除安全要求**

（1）当立柱的水平拉杆超出 2 层时，应首先拆除 2 层以上的水平拉杆。当拆除最后一道水平拉杆时，应和拆除立杆同时进行。

（2）当拆除 4～8m 跨度的梁下立柱时，应首先从跨中开始，对称分别向两端拆除。拆除时，严禁采用连梁底板向旁侧一片拉倒的拆除方法。

（3）对于多层楼板模板的立柱，当上层及以上楼板正在浇筑混凝土时，下层楼板模板的拆除应根据下层楼板结构混凝土强度的实际情况经计算确定。

（4）拆除平台、楼板下的立柱时，作业人员应站在安全处。

（5）已经拆下的钢楞、木楞、桁架、立柱及其他零件应及时运到指定地点，有芯钢管立柱运出前应先将芯管抽出或用销卡固定。

**3. 常见构件模板拆除安全要求**

1）基础模板拆除安全要求

（1）基础模板拆除前，要检查基坑（槽）土壁的安全状况，发现有松动、龟裂等不安全因素时，应采取安全防范措施后，才能进行拆除作业。

（2）模板和支撑件等应随拆随运，不得在离坑（槽）上口边缘 1m 以内堆放。

（3）拆除时，作业人员须在安全的地方。应先拆内外木楞后拆面板。如钢模板应先拆钩头螺栓和内外钢楞，后拆 U 形卡和 L 形插销。拆下的模板应妥善传递或放置在地面，不得抛掷。小的构配件和工具应装入笼内，不能随意丢扔。

2）柱模板拆除安全要求

（1）柱模板拆除应按顺序进行。拆除顺序有分散拆除和分片拆除两种。

分散拆除顺序：拆除拉杆或斜撑→自上而下拆除柱箍或横楞→拆除竖楞→自上而下拆除配件及模板→运走分类堆放→清理、维护。

分片拆除顺序：拆除全部支撑系统→自上而下拆除柱箍或横楞→拆除柱角 U 形卡→分 2 片或 4 片拆除模板→清理、维护→运走。

（2）柱子拆下的模板及配件不得向地面抛掷。

3）墙模板拆除安全要求

（1）分散拆除顺序：拆除斜撑或斜拉杆→自上而下拆除外楞及对拉螺栓→分层自上而下拆除木楞或钢楞及零配件和模板→维护→运走堆放。

（2）预组拼大块墙模拆除顺序：拆除全部支撑系统→拆卸大块墙模板接缝处的连接型钢及零配件→拧去固定埋设件的螺栓及大部分对拉螺栓→挂上吊装绳扣并略拉紧吊绳→拧下剩下的对拉螺栓→用方木均匀敲击大块墙模立楞及钢模板→用撬棍撬大块墙模板→指挥吊运→清理。

（3）拆除每一块墙模板的最后2个对拉螺栓后，作业人员应撤离大模板下侧，以后的操作均应在上部进行。

（4）大模板起吊速度应慢，保持垂直，严禁模板碰撞墙体。

4）梁、板模板拆除安全要求

（1）梁、板模板应先拆侧模板，再拆板底模板，最后拆梁底模板，并应分段分片进行，严禁成片撬落或成片拉拆。

（2）拆除梁、板底模板，当混凝土的强度达到设计要求时，方可拆除底模及支架；当设计无具体要求时，混凝土抗压强度应符合表8-1的规定。

表8-1　底模拆除时的混凝土强度要求

| 构件类型 | 构件跨度/m | 按达到设计混凝土强度等级值的百分率计/% |
| --- | --- | --- |
| 板 | ≤2 | ≥50 |
| | >2，≤8 | ≥75 |
| | >8 | ≥100 |
| 梁、拱、壳 | ≤8 | ≥75 |
| | >8 | ≥100 |
| 悬臂结构 | — | ≥100 |

（3）拆除时，作业人员应站在安全的地方进行操作，严禁站在已拆或松动的模板上进行拆除作业。

（4）拆除模板时，严禁用铁棍或铁锤乱砸，已拆下的模板应妥善传递或用绳钩放到地面。

（5）严禁作业人员站在悬臂结构边缘敲拆下面的底模。

（6）待分片、分段的模板全部拆除后，方允许将模板、支架、零配件等按指定地点运出堆放。

**4. 特殊模板拆除安全要求**

（1）拱、薄壳、圆穹屋顶和跨度大于8m的梁式结构，应按设计规定的程序和方式从中心沿环圈对称向外或从跨中对称向两边均匀放松模板支架立柱。

（2）拆除圆形屋顶、筒仓下漏斗模板时，应从结构中心处的支架立柱开始，按同心圆层次对称地拆向结构的周边。

（3）拆除带有拉杆拱的模板时，应在拆除前先将拉杆拉紧。

**5. 爬升模板拆除安全要求**

（1）拆除爬模应有拆除方案，且应由技术负责人签署意见，应向有关人员进行安全技术交底后，方可实施拆除。

（2）拆除时应清除脚手架上的垃圾杂物，并应设置警戒区并由专人监护。

（3）拆除时应设专人指挥，严禁交叉作业。拆除顺序应为：悬挂脚手架和模板、爬升设备、爬升支架。

（4）已拆除的物件应及时清理、整理和保养，并运至指定地点。

（5）遇到 5 级及以上大风应停止拆除作业。

# 8.4　模板支架安全检查

依据《建筑施工安全检查标准》（JGJ 59—2011）的规定，模板支架安全检查有以下要求。

**1. 模板支架安全检查评定项目**

保证项目包括：施工方案、立杆基础、支架稳定、施工荷载、交底与验收。

一般项目包括：立杆设置、水平杆设置、支架拆除、支架材质。

**2. 保证项目的检查评定应符合的规定**

1）施工方案

（1）模板支架搭设应编制专项施工方案，结构设计应进行设计计算，并应按规定进行审核、审批。

（2）超过一定规模的模板支架，专项施工方案应按规定组织专家论证。

（3）专项施工方案应明确混凝土浇筑方式。

2）立杆基础

（1）立杆基础承载力应符合设计要求，并能承受支架上部全部荷载。

（2）基础应设排水设施。

（3）立杆底部应按规范要求设置底座、垫板。

3）支架稳定

（1）支架高宽比大于规定值时，应按规定设置连墙杆。

（2）连墙杆的设置应符合规范要求。

（3）应按规定设置纵、横向及水平剪刀撑，并符合规范要求。

4）施工荷载

施工均布荷载、集中荷载应在设计允许范围内。

5）交底与验收

（1）支架搭设（拆除）前应进行交底，并应有交底记录。

（2）支架搭设完毕，应按规定组织验收，验收应有量化内容。

**3. 一般项目的检查评定应符合的规定**

1）立杆设置

（1）立杆间距应符合设计要求。

（2）立杆应采用对接连接。

（3）立杆伸出顶层水平杆中心线至支撑点的长度应符合规范要求。

2）水平杆设置

（1）应按规定设置纵、横向水平杆。

（2）纵、横向水平杆间距应符合规范要求。

（3）纵、横向水平杆连接应符合规范要求。

3）支架拆除

（1）支架拆除前应确认混凝土强度符合规定值。

（2）模板支架拆除前应设置警戒区，并设专人监护。

4）支架材质

（1）杆件弯曲、变形、锈蚀量应在规范允许范围内。

（2）构配件材质应符合规范要求。

（3）钢管壁厚应符合规范要求。

**4. 模板支架检查评分表**

模板支架安全检查是模板支架作业的安全控制措施，通过模板支架检查评分表（表8-2），对保证项目和一般项目进行安全检查，及时发现不符合规定的或不安全因素，采取有效的防范措施，确保模板支架作业安全。

表 8-2　模板支架检查评分表

| 序号 | 检查项目 | | 扣 分 标 准 | 应得分数 | 扣减分数 | 实得分数 |
|---|---|---|---|---|---|---|
| 1 | 保证项目 | 施工方案 | 未按规定编制专项施工方案或结构设计未经设计计算扣15分；<br>专项施工方案未经审核、审批扣15分；<br>超过一定规模的模板支架，专项施工方案未按规定组织专家论证扣15分；<br>专项施工方案未明确混凝土浇筑方式扣10分 | 15 | | |
| 2 | | 立杆基础 | 立杆基础承载力不符合设计要求扣10分；<br>基础未设排水设施扣8分；<br>立杆底部未设置底座、垫板或垫板规格不符合规范要求每处扣3分 | 10 | | |
| 3 | | 支架稳定 | 支架高宽比大于规定值时，未按规定要求设置连墙杆扣15分；<br>连墙杆设置不符合规范要求每处扣5分；<br>未按规定设置纵、横向及水平剪刀撑扣15分；<br>纵、横向及水平剪刀撑设置不符合规范要求扣5～10分 | 15 | | |
| 4 | | 施工荷载 | 施工均布荷载超过规定值扣10分；<br>施工荷载不均匀，集中荷载超过规定值扣10分 | 10 | | |
| 5 | | 交底与验收 | 支架搭设（拆除）前未进行交底或无交底记录扣10分；<br>支架搭设完毕未办理验收手续扣10分；<br>验收无量化内容扣5分 | 10 | | |
| | | | 小　计 | 60 | | |
| 6 | 一般项目 | 立杆设置 | 立杆间距不符合设计要求扣10分；<br>立杆未采用对接连接每处扣5分；<br>立杆伸出顶层水平杆中心线至支撑点的长度大于规定值每处扣2分 | 10 | | |

续表

| 序号 | 检查项目 | | 扣 分 标 准 | 应得分数 | 扣减分数 | 实得分数 |
|---|---|---|---|---|---|---|
| 7 | 一般项目 | 水平杆设置 | 未按规定设置纵、横向扫地杆或设置不符合规范要求每处扣5分；<br>纵、横向水平杆间距不符合规范要求每处扣5分；<br>纵、横向水平杆件连接不符合规范要求每处扣5分 | 10 | | |
| 8 | | 支架拆除 | 混凝土强度未达到规定值，拆除模板支架扣10分；<br>未按规定设置警戒区或未设置专人监护扣8分 | 10 | | |
| 9 | | 支架材质 | 杆件弯曲、变形、锈蚀超标扣10分；<br>构配件材质不符合规范要求扣10分；<br>钢管壁厚不符合要求扣10分 | 10 | | |
| 小　计 | | | | 40 | | |
| 检查项目合计 | | | | 100 | | |

【任务思考】

## 任务工作单

（1）叙述模板的概念及种类。

（2）模板的基本要求有哪些？

（3）模板安装安全措施有哪些？

（4）模板拆除安全措施有哪些？

（5）模板支架检查评分表的检查项目有哪些？

（6）如何做好模板工程施工安全标准化？

任务练习

**1. 单项选择题**

(1) 模板工程是支撑新浇混凝土的整个系统，由模板、（　　）、紧固件三部分组成。

    A. 维护系统　　　　B. 支承系统　　　　C. 承重系统　　　　D. 杆件

(2) 模板支架立杆在安装的同时，应加设水平支撑，立杆高度大于（　　）m 时，应设两道水平支撑，每增高 1.5～2m 时，再增设一道水平支撑。

    A. 1　　　　　　　　B. 1.5　　　　　　　C. 2.5　　　　　　　D. 2

(3) 当采用多层支模时，上下各层立杆应保持在同一（　　）上。

    A. 垂直线　　　　　B. 水平线　　　　　C. 水平面　　　　　D. 方向

(4) 现浇或预制梁、板、柱混凝土模板拆除前，应有（　　）d 和（　　）d 龄期强度报告，达到强度要求后，再拆除模板。

    A. 14　28　　　　　B. 7　21　　　　　C. 7　28　　　　　D. 7　14

(5) 各类模板拆除的顺序和方法，应根据模板设计的规定进行，如无具体规定，应按（　　）、先拆非承重的模板、后拆承重的模板和支架的顺序进行拆除。

    A. 先拆的后支　　　B. 先支的后拆　　　C. 边支边拆　　　　D. 边拆边清理

(6) 按照住房和城乡建设部的有关规定，对达到一定规模的危险性较大的分部分项工程中涉及深基坑、地下暗挖工程、高大模板工程的专项施工方案，施工单位应当组织（　　）进行论证、审查。

    A. 专家

    B. 监理工程师

    C. 施工单位技术人员

    D. 专业监理工程师

(7) 对水平混凝土构件模板支撑系统高度超过（　　）m，或跨度超过 18m 的高大模板工程，建筑施工企业应当组织专家组进行论证审查。

    A. 5　　　　　　　　B. 8　　　　　　　　C. 10　　　　　　　　D. 12

(8) 模板拆除前，现浇梁柱侧模的拆除，拆模时要确保梁、柱边角的完整，施工班组长应向项目经理部（　　）口头报告，经同意后再拆除。

    A. 项目负责人　　　B. 技术负责人　　　C. 安全员　　　　　D. 施工负责人

(9) 模板支撑（　　）固定在脚手架或门窗上，避免发生倒塌或模板位移。

    A. 应　　　　　　　B. 允许　　　　　　C. 不能　　　　　　D. 能

(10) 支撑模板立柱宜采用钢材，材料的材质应符合有关规定，当采用木材时，其树种可根据各地实际情况选用，立杆的有效尾径不得小于 80mm，立杆要直顺，接头数量不得超过（　　），且不应集中。

    A. 30%　　　　　　B. 10%　　　　　　C. 20%　　　　　　D. 25%

**2. 多项选择题**

(1) 模板拆除时必须达到一定比例的设计强度要求，下列正确的选项有（　　）。

    A. 7.8m 跨度梁设计强度达到 100%　　　B. 4m 跨度板设计强度达到 75%

    C. 1m 悬挑板设计强度达到 100%　　　　D. 10m 跨度拱设计强度达到 100%

(2) 模板在施工中的安全检查包括（　　）。

    A. 整体结构稳定性　　　　　　　　　　B. 支撑坚固性

C. 模板的密闭性　　　　　　　　　　D. 搭设美观性

（3）模板安装要注意安全，正确的做法包括（　　　）。

A. 模板高度在 2m 及以上应搭设作业平台

B. 6 级以上大风应停止露天高空作业

C. 在大雾天气应停止露天高空作业

D. 多人同时抬模应密切配合、协调一致

（4）按住房和城乡建设部相关规定，（　　　）属于超过一定规模的危险性较大的模板工程，须编制专项施工方案且经过专家论证。

A. 模板高度≥8m　　　　　　　　　B. 模板跨度≥18m

C. 模板上面荷载≥15kN/m²　　　　D. 模板上线荷载≥20kN/m

（5）关于模板支架的搭设，以下正确的选项有（　　　）。

A. 立杆和水平杆接头形式应采用牢固的对接接头

B. 上段立柱与下段立柱可以错开固定在水平杆上

C. 垂直支撑和水平支撑杆可以采用搭接接头

D. 立杆接头分布在不同步距内且错开至少 500mm

**3. 编制模板工程施工安全技术交底方案**

根据提供的实际案例编制模板工程施工安全技术交底方案（表 8-3）。

表 8-3　安全技术交底

施工单位：

| 工程名称 | | 施工部位（层次） | |
|---|---|---|---|
| 交底提要 | 模板工程施工安全技术交底 | 交底日期 | |
| 交底内容：<br><br>（1）施工作业条件<br><br><br>（2）操作工艺流程<br><br><br>（3）施工操作要点与要求<br><br><br>（4）施工安全技术措施<br><br><br>（5）安全检查与评定 | | | |
| 交底人 | | 接收人签字 | |
| 项目负责人 | | | |
| 执行情况 | | 安全员：　　　　年　月　日 | |

注：交底一式三份，交底人、接收人、安全员各一份。

# 任务 9 高处作业安全控制

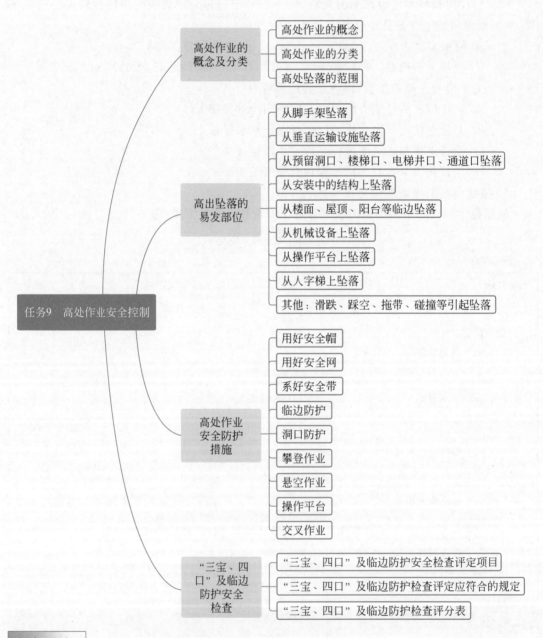

```
                          ┌─ 高处作业的概念
              ┌─ 高处作业的│─ 高处作业的分类
              │  概念及分类 └─ 高处坠落的范围
              │
              │                ┌─ 从脚手架坠落
              │                │─ 从垂直运输设施坠落
              │                │─ 从预留洞口、楼梯口、电梯井口、通道口坠落
              │  高出坠落的    │─ 从安装中的结构上坠落
              ├─ 易发部位      │─ 从楼面、屋顶、阳台等临边坠落
              │                │─ 从机械设备上坠落
  任务9        │                │─ 从操作平台上坠落
  高处作业     │                │─ 从人字梯上坠落
  安全控制     │                └─ 其他：滑跌、踩空、拖带、碰撞等引起坠落
              │
              │                ┌─ 用好安全帽
              │                │─ 用好安全网
              │                │─ 系好安全带
              │  高处作业      │─ 临边防护
              ├─ 安全防护      │─ 洞口防护
              │  措施          │─ 攀登作业
              │                │─ 悬空作业
              │                │─ 操作平台
              │                └─ 交叉作业
              │
              │  "三宝、四     ┌─ "三宝、四口"及临边防护安全检查评定项目
              └─ 口"及临边     │─ "三宝、四口"及临边防护检查评定应符合的规定
                 防护安全      └─ "三宝、四口"及临边防护检查评分表
                 检查
```

知识目标

1. 熟悉高处作业的概念及分类。

2. 熟悉高处坠落的易发部位。

3. 熟悉高处作业安全防护措施。

4. 掌握"三宝、四口"及临边防护安全检查。

## 能力目标

1. 能编制高处作业安全技术交底方案。

2. 能对某建筑施工现场高处作业进行安全检查。

## 素质目标

1. 树立"安全第一、预防为主"的职业情感。

2. 培养精益求精的工匠精神,以及遵章守纪的职业操守。

## 相关知识链接

1. 高处作业的概念及分类。

2. 高处坠落的易发部位。

3. 高处作业安全防护措施。

4."三宝、四口"及临边防护安全检查。

高处作业安全
控制

## 职业素养养成

1. 结合高处作业安全标准化仿真教学视频,强调高处作业安全控制的重要性,提高安全意识,树立"安全第一、预防为主"的职业情感,培养精益求精的工匠精神,以及遵章守纪的职业操守。

2. 通过编制高处作业安全技术交底方案,以及对"三宝、四口及临边防护安全检查"的学习,培养精益求精的工匠精神,以及遵章守纪的职业操守。

## 情境创设

通过高处作业安全标准化仿真教学视频,引导学生思考如何做好高处作业安全标准化,说明高处作业安全控制的重要性,特别是遵章守纪的重要性。

高处作业
安全标准化
仿真教学

# 9.1  高处作业的概念及分类

**1. 高处作业的概念**

《建筑施工高处作业安全技术规范》(JGJ 80—2016)规定,高处作业是指凡在坠落高度基准面 2m 以上(含 2m)有可能坠落的高处进行的作业。坠落高度基准面是指从作业位置到最低坠落着落点的水平面。

所有建筑物或构筑物均存在高处作业,它涉及的工种多,作业面广。据不完全统计,建筑施工中的高处作业占到 90% 以上。在高处作业中增强安全意识和防护设施、加强安全监督检查,防止高处坠落事故的发生,是每一个施工作业和管理人员的责任与义务。

**2. 高处作业的分类**

根据作业面所处的高度至最低着落点的垂直距离（又称作业高度）可分为四个等级的高处作业，如表 9-1 所示，高度越高，危险等级就越大。

表 9-1　高处作业等级划分

| 作业高度 $h/m$ | 高处作业等级 |
| --- | --- |
| $2 \leqslant h \leqslant 5$ | 一级高处作业 |
| $5 < h \leqslant 15$ | 二级高处作业 |
| $15 < h \leqslant 30$ | 三级高处作业 |
| $h > 30$ | 特级高处作业 |

注：悬空作业属于特级高处作业。

**3. 高处坠落的范围**

物体从高处坠落时基本按照抛物线轨迹落下，故坠落范围应根据物体坠落高度确定坠落的范围半径，在坠落范围内做好安全防护措施。物体坠落范围半径参考表 9-2。

表 9-2　物体坠落范围半径

| 坠落高度 $h/m$ | 坠落范围半径/m |
| --- | --- |
| $2 \leqslant h \leqslant 5$ | 3 |
| $5 < h \leqslant 15$ | 4 |
| $15 < h \leqslant 30$ | 5 |
| $h > 30$ | $\geqslant 6$ |

# 9.2　高处坠落的易发部位

高处坠落的易发部位如表 9-3 所示。

表 9-3　高处坠落的易发部位

| 序号 | 高处坠落易发部位 |
| --- | --- |
| 1 | 从脚手架坠落 |
| 2 | 从垂直运输设施坠落 |
| 3 | 从预留洞口、楼梯口、电梯井口、通道口坠落 |
| 4 | 从安装中的结构上坠落 |
| 5 | 从楼面、屋顶、阳台等临边坠落 |
| 6 | 从机械设备上坠落 |
| 7 | 从操作平台上坠落 |
| 8 | 从人字梯上坠落 |
| 9 | 其他：滑跌、踩空、拖带、碰撞等引起坠落 |

# 9.3 高处作业安全防护措施

**1. 用好安全帽**

正确选择和使用安全帽。

**2. 用好安全网**

安全网是用来防止高处作业人员或物体坠落,避免或减轻坠落伤亡及物击伤害的网具,是对高处作业人员和作业面的整体防护用品,被广泛用于建筑业和其他高空高架作业场所。

**3. 系好安全带**

安全带是用于防止人体坠落的防护用品,同安全帽一样是适用于个人的防护设施。2m以上登高作业时,为了防止高处作业人员坠落,必须系好安全带。

**4. 临边防护**

(1)临边防护钢管横杆及栏杆柱均采用 $\phi48\times3.5$ 的钢管,以扣件、焊接或定型套管等方式固定。

(2)临边防护栏杆搭设要求:防护栏杆应有两道栏杆组成,上杆离地高度1.2m,下杆应在挡脚板与上杆之间均匀布置。当防护栏杆高度大于1.2m时,应增设横杆,横杆间距不大于0.6m。坡度大于1:2.2的屋面,防护栏杆应高于檐口1.5m,并加挂安全立网。横杆长度大于2m时,必须加设栏杆柱。

栏杆柱的固定及其与横杆的连接,其整体构造应使防护栏杆在上杆任何处能经受任何方向的1000N外力。当栏杆位置有可能发生人员拥挤、物料碰撞情况时,应加大横杆截面或立柱间距。

(3)建筑物外四周有脚手架的工程,在脚手架外立面必须采取满挂密目立网作全封闭处理,安全立网与脚手架管连接牢固。

(4)栏杆柱底端固定符合以下要求。

① 在基坑四周固定时,可采用钢管并打入地下50~70cm深。钢管离边口的距离不应小于50cm(硬土),如土质较松应大于1m。当基坑周边采用板桩时,钢管可打入板桩外侧。

② 在混凝土楼面、屋面或墙面固定时,可用预埋件与钢管或钢筋焊牢。采用竹杆时,可在预埋件上焊30cm长的50mm×5mm角钢,其上下各钻一孔,然后用10mm螺栓与竹杆件拴牢。

③ 当在砖或砌块等砌体上固定时,可预先砌入规格相适应的80mm×6mm弯转扁钢作预埋铁的混凝土块,预埋件与立杆连接牢固。

(5)防护栏杆必须自上而下用安全立网封闭或在栏杆下边设置严密固定的高度不低于18cm的挡脚板或40cm的挡脚笆。板和笆上如有孔眼,孔眼不应大于25mm,板与笆下边距底面的空隙不应大于10mm。

(6)防护栏杆应加挂密目式安全立网或其他材料封闭。

**5. 洞口防护**

遵照《建筑施工高处作业安全技术规范》（JGJ 80—2016）规定,在地面、楼面、屋面和墙面等离地高度大于或等于2m的洞口,有可能造成人和物料坠落危险,必须按规定设置防护设施。另外,墙面等落地洞口、窗台高度低于800mm的竖向洞口或框架结构在浇筑混凝土未砌墙体时的洞口应按临边防护要求设置防护栏杆。

**6. 攀登作业**

（1）登高作业应借助施工通道、梯子及其他攀登设施和用具。

（2）攀登作业设施和用具应牢固可靠;当采用梯子攀爬时,踏面荷载不应大于1.1kN;当梯面上有特殊作业时,应按实际情况进行专项设计。

（3）同一梯子上不得两人同时作业。在通道处使用梯子作业时,应有专人监护或设置围栏。脚手架操作层上严禁架设梯子作业。

（4）便携式梯子宜采用金属材料或木材制作,并应符合现行国家标准《便携式金属梯安全要求》（GB 12142—2007）和《便携式木梯安全要求》（GB 7059—2007）的规定。

（5）钢结构安装时,应使用梯子或其他登高设施攀登作业。坠落高度超过2m时,应设置操作平台。

（6）安装屋架时,应在屋脊处设置扶梯。扶梯踏步间距不应大于400mm。屋架杆件安装时搭设的操作平台,应设置防护栏杆或使用作业人员拴挂安全带的安全绳。

（7）深基坑施工应设置扶梯、入坑踏步及专用载人设备或斜道等设施。采用斜道时,应加设间距不大于400mm的防滑条等防滑措施。作业人员严禁沿坑壁、支撑或乘运土工具上下。

**7. 悬空作业**

悬空作业立足处的设置应牢固,并应配置登高和防坠落装置与设施。严禁在未固定、无防护设施的构件及管道上进行作业或通行。

**8. 操作平台**

（1）操作平台应编制专项方案,要有详细的设计计算。操作平台的架体结构应采用钢管、型钢及其他等效性能材料组装,并应符合现行国家标准《钢结构设计规范》（GB 50017—2017）及国家现行有关脚手架标准的规定。

（2）平台面铺设的钢、木或竹胶合板等材质的脚手板,应符合材质和承载力要求,并应平整满铺及可靠固定。

（3）操作平台的临边应设置防护栏杆,单独设置的操作平台应设置供人上下、踏步间距不大于400mm的扶梯。

（4）应在操作平台明显位置设置标明允许负载值的限载牌及限定允许的作业人数,物料应及时转运,不得超重、超高堆放。

（5）操作平台使用中应每月不少于1次定期检查,应由专人进行日常维护工作,及时消除安全隐患。

**9. 交叉作业**

（1）交叉作业时,下层作业位置应处于上层作业的坠落半径之外,高空作业坠落半径应按表 9-2 确定。安全防护棚和警戒隔离区范围的设置应视上层作业高度确定,并应大于坠落半径。

(2) 交叉作业时,坠落半径内应设置安全防护棚或安全防护网等安全隔离措施。当尚未设置安全隔离措施时,应设置警戒隔离区,人员严禁进入隔离区。

(3) 处于起重机臂架回转范围内的通道,应搭设安全防护棚。

(4) 施工现场人员进出的通道口,应搭设安全防护棚。

(5) 不得在安全防护棚棚顶堆放物料。

(6) 采用脚手架搭设安全防护棚架构时,应符合国家现行相关脚手架标准的规定。

(7) 不搭设脚手架和设置安全防护棚时的交叉作业,应设置安全防护网,当在多层、高层建筑外立面施工时,应在二层及每隔四层设一道固定的安全防护网,同时设一道随施工高度提升的安全防护网。

## 9.4 “三宝、四口”及临边防护安全检查

依据《建筑施工安全检查标准》(JGJ 59—2011)的规定,“三宝、四口”及临边防护安全检查有如下要求。

**1.“三宝、四口”及临边防护安全检查评定项目**

安全检查评定项目包括:安全帽、安全网、安全带、临边防护、洞口防护、通道口防护、攀登作业、悬空作业、移动式操作平台、物料平台、悬挑式钢平台。

**2.“三宝、四口”及临边防护检查评定应符合的规定**

1) 安全帽

(1) 进入施工现场的人员必须正确佩戴安全帽。

(2) 现场使用的安全帽必须是符合国家相应标准的合格产品。

2) 安全网

(1) 在建工程外侧应使用密目式安全网进行封闭。

(2) 安全网的材质应符合规范要求。

(3) 现场使用的安全网必须是符合国家标准的合格产品。

3) 安全带

(1) 现场高处作业人员必须系挂安全带。

(2) 安全带的系挂使用应符合规范要求。

(3) 现场作业人员使用的安全带应符合国家标准。

4) 临边防护

(1) 作业面边沿应设置连续的临边防护栏杆。

(2) 临边防护栏杆应严密、连续。

(3) 防护设施应达到定型化、工具化。

5) 洞口防护

(1) 在建工程的预留洞口、楼梯口、电梯井口应有防护措施。

（2）防护措施、设施应铺设严密，符合规范要求。

（3）防护设施应达到定型化、工具化。

（4）电梯井内应每隔两层（不大于10m）设置一道安全平网。

6）通道口防护

（1）通道口防护应严密、牢固。

（2）防护棚两侧应设置防护措施。

（3）防护棚宽度应大于通道口宽度，长度应符合规范要求。

（4）建筑物高度超过30m时，通道口防护顶棚应采用双层防护。

（5）防护棚的材质应符合规范要求。

7）攀登作业

（1）梯脚底部应坚实，不得垫高使用。

（2）折梯使用时上部夹角以35°～45°为宜，并设有可靠的拉撑装置。

（3）梯子的制作质量和材质应符合规范要求。

8）悬空作业

（1）悬空作业处应设置防护栏杆或其他可靠的安全措施。

（2）悬空作业所使用的索具、吊具、料具等设备应为经过技术鉴定或验证、验收的合格产品。

9）移动式操作平台

（1）操作平台的面积不应超过10m²，高度不应超过5m。

（2）移动式操作平台轮子与平台连接应牢固、可靠，立柱底端距地面高度不得大于80mm。

（3）操作平台应按规范要求进行组装，铺板应严密。

（4）操作平台四周应按规范要求设置防护栏杆，并设置登高扶梯。

（5）操作平台的材质应符合规范要求。

10）物料平台

（1）物料平台应有相应的设计计算，并按设计要求进行搭设。

（2）物料平台支撑系统必须与建筑结构进行可靠连接。

（3）物料平台的材质应符合规范及设计要求，并应在平台上设置荷载限定标牌。

11）悬挑式钢平台

（1）悬挑式钢平台应有相应的设计计算，并按设计要求进行搭设。

（2）悬挑式钢平台的搁支点与上部拉结点，必须位于建筑结构上。

（3）斜拉杆或钢丝绳应按要求两边各设置前后两道。

（4）钢平台两侧必须安装固定的防护栏杆，并应在平台上设置荷载限定标牌。

（5）钢平台台面、钢平台与建筑结构间铺板应严密、牢固。

**3."三宝、四口"及临边防护检查评分表**

"三宝、四口"及临边防护安全检查是"三宝、四口"及临边防护的安全控制措施，通过"三宝、四口"及临边防护检查评分表（表9-4），对评定项目进行安全检查，及时发现不符合规定的或不安全因素，采取有效的防范措施，确保"三宝、四口"及临边防护安全。

表 9-4　"三宝、四口"及临边防护检查评分表

| 序号 | 检查项目 | 扣 分 标 准 | 应得分数 | 扣减分数 | 实得分数 |
|---|---|---|---|---|---|
| 1 | 安全帽 | 作业人员不戴安全帽每人扣 2 分；<br>作业人员未按规定佩戴安全帽每人扣 1 分；<br>安全帽不符合标准每项扣 1 分 | 10 | | |
| 2 | 安全网 | 在建工程外侧未采用密目式安全网封闭或网间不严扣 10 分；<br>安全网规格、材质不符合要求扣 10 分 | 10 | | |
| 3 | 安全带 | 作业人员未系挂安全带每人扣 5 分；<br>作业人员未按规定系挂安全带每人扣 3 分；<br>安全带不符合标准每条扣 2 分 | 10 | | |
| 4 | 临边防护 | 工作面临边无防护每处扣 5 分；<br>临边防护不严或不符合规范要求每处扣 5 分；<br>防护设施未形成定型化、工具化扣 5 分 | 10 | | |
| 5 | 洞口防护 | 在建工程的预留洞口、楼梯口、电梯井口，未采取防护措施每处扣 3 分；<br>防护措施、设施不符合要求或不严密每处扣 3 分；<br>防护设施未形成定型化、工具化扣 5 分；<br>电梯井内每隔两层(不大于 10m)未设置安全平网每处扣 5 分 | 10 | | |
| 6 | 通道口防护 | 未搭设防护棚或防护不严、不牢固可靠每处扣 5 分；<br>防护棚两侧未进行防护每处扣 6 分；<br>防护棚宽度不大于通道口宽度每处扣 4 分；<br>防护棚长度不符合要求每处扣 6 分；<br>建筑物高度超过 30m，防护棚顶未采用双层防护每处扣 5 分；<br>防护棚的材质不符合要求每处扣 5 分 | 10 | | |
| 7 | 攀登作业 | 移动式梯子的梯脚底部垫高使用每处扣 5 分；<br>折梯使用未有可靠拉撑装置每处扣 5 分；<br>梯子的制作质量或材质不符合要求每处扣 5 分 | 5 | | |
| 8 | 悬空作业 | 悬空作业处未设置防护栏杆或其他可靠的安全设施每处扣 5 分；<br>悬空作业所用的索具、吊具、料具等设备，未经过技术鉴定或验证、验收每处扣 5 分 | 5 | | |
| 9 | 移动式操作平台 | 操作平台的面积超过 10m² 或高度超过 5m 扣 6 分；<br>移动式操作平台，轮子与平台的连接不牢固可靠或立柱底端距离地面超过 80mm 扣 10 分；<br>操作平台的组装不符合要求扣 10 分；<br>平台台面铺板不严扣 10 分；<br>操作平台四周未按规定设置防护栏杆或未设置登高扶梯扣 10 分；<br>操作平台的材质不符合要求扣 10 分 | 10 | | |

| 序号 | 检查项目 | 扣 分 标 准 | 应得分数 | 扣减分数 | 实得分数 |
|---|---|---|---|---|---|
| 10 | 物料平台 | 物料平台未编制专项施工方案或未经设计计算扣 10 分；<br>物料平台搭设不符合专项方案要求扣 10 分；<br>物料平台支撑架未与工程结构连接或连接不符合要求扣 8 分；<br>平台台面铺板不严或台面层下方未按要求设置安全平网扣 10 分；<br>材质不符合要求扣 10 分；<br>物料平台未在明显处设置限定荷载标牌扣 3 分 | 10 | | |
| 11 | 悬挑式钢平台 | 悬挑式钢平台未编制专项施工方案或未经设计计算扣 10 分；<br>悬挑式钢平台的搁支点与上部拉结点，未设置在建筑物结构上扣 10 分；<br>斜拉杆或钢丝绳，未按要求在平台两边各设置两道扣 10 分；<br>钢平台未按要求设置固定的防护栏杆和挡脚板或栏板扣 10 分；<br>钢平台台面铺板不严，或钢平台与建筑结构之间铺板不严扣 10 分；<br>平台上未在明显处设置限定荷载标牌扣 6 分 | 10 | | |
| 检查项目合计 | | | 100 | | |

【任务思考】

## 任务工作单

（1）叙述高处作业的概念及分类。

_____

_____

_____

_____

（2）高处坠落的易发部位有哪些？

_____

_____

_____

_____

（3）高处作业安全防护措施有哪些？

_____

_____

_____

_____

_____

（4）"三宝、四口"及临边防护检查评分表的检查项目有哪些？

_____

_____

_____

_____

_____

（5）如何做好高处作业安全标准化？

_____

_____

_____

_____

任务练习

**1. 单项选择题**

(1) 高处作业是凡在坠落高度基准面（　　）m 以上有可能坠落的高处进行的作业。

    A. 1             B. 1.5             C. 2             D. 1.8

(2) 下列"三宝、四口"及临边防护检查评分表中的检查项目应得分数为 5 分的是（　　）。

    A. 安全帽        B. 悬空作业        C. 洞口防护        D. 临边防护

(3) 特级高处作业是指高度在 30m 以上（含 30m）高处的作业，其可能坠落半径为
（　　）m。

    A. 7             B. 6             C. 9             D. 10

(4) 高处作业的"四口"是指（　　）。

    A. 预留洞口、管道口、电梯井口、通道口

    B. 预留洞口、楼梯口、下水道口、通道口

    C. 预留洞口、楼梯口、电梯井口、消防道口

    D. 预留洞口、楼梯口、电梯井口、通道口

(5) 雨天和雪天进行高处作业时，必须采取可靠的防滑、防寒和（　　）措施。

    A. 防霜                       B. 防水

    C. 防雾                       D. 防冻

(6) 上下梯子时，必须（　　）梯子，且不得手持器物。

    A. 背对                       B. 左侧向

    C. 右侧向                   D. 面向

(7) 高处作业的安全技术措施及其所需料具，必须列入工程的（　　）。

    A. 预决算                     B. 施工组织设计

    C. 概算                       D. 安全技术交底

(8) 建筑施工进行高处作业之前，应进行安全防护设施的（　　）和验收。

    A. 分部检查                  B. 局部检查

    C. 总体检查                  D. 逐项检查

(9) 高处作业前，工程项目部应组织有关部门对安全防护设施进行验收，经验收合格、签字方可作业，需要临时拆除或变动安全设施的，应经（　　）审批签字，并组织有关部门验收，验收合格、签字后方可实施。

    A. 单位技术负责人           B. 项目负责人

    C. 项目技术负责人           D. 总监理工程师

(10) 下列选项中关于高处作业的叙述正确的是（　　）。

    A. 高度越高，危险等级越小

    B. 高度越高，危险等级越大

    C. 高度越低，危险等级越大

    D. 危险等级与作业高度无关

**2. 编制高处作业安全技术交底方案**

根据提供的实际案例编制高处作业安全技术交底方案（表 9-5）。

表 9-5　安全技术交底

施工单位:

| 工程名称 | | 施工部位(层次) | |
|---|---|---|---|
| 交底提要 | 高处作业安全技术交底 | 交底日期 | |

交底内容:

(1) 施工作业条件

(2) 操作工艺流程

(3) 施工操作要点与要求

(4) 施工安全技术措施

(5) 安全检查与评定

| 交底人 | | 接收人签字 | |
|---|---|---|---|
| 项目负责人 | | | |
| 执行情况 | | 安全员: | 年　月　日 |

注:交底一式三份,交底人、接收人、安全员各一份。

# 任务 10 施工机械安全控制

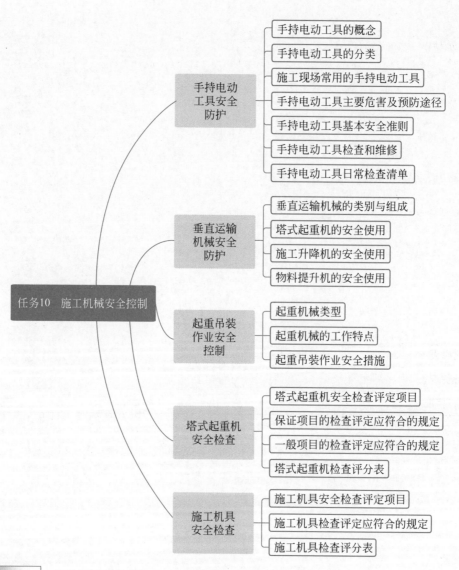

任务10 施工机械安全控制

- 手持电动工具安全防护
  - 手持电动工具的概念
  - 手持电动工具的分类
  - 施工现场常用的手持电动工具
  - 手持电动工具主要危害及预防途径
  - 手持电动工具基本安全准则
  - 手持电动工具检查和维修
  - 手持电动工具日常检查清单
- 垂直运输机械安全防护
  - 垂直运输机械的类别与组成
  - 塔式起重机的安全使用
  - 施工升降机的安全使用
  - 物料提升机的安全使用
- 起重吊装作业安全控制
  - 起重机械类型
  - 起重机械的工作特点
  - 起重吊装作业安全措施
- 塔式起重机安全检查
  - 塔式起重机安全检查评定项目
  - 保证项目的检查评定应符合的规定
  - 一般项目的检查评定应符合的规定
  - 塔式起重机检查评分表
- 施工机具安全检查
  - 施工机具安全检查评定项目
  - 施工机具检查评定应符合的规定
  - 施工机具检查评分表

知识目标

1. 熟悉手持电动工具安全防护。
2. 掌握垂直运输机械安全防护。
3. 掌握塔式起重机安全检查。
4. 掌握施工机具安全检查。

**能力目标**

1. 能编制施工机械安全技术交底方案。
2. 能对某建筑施工现场塔式起重机作业进行安全检查。

**素质目标**

1. 树立"安全第一、预防为主"的职业情感。
2. 培养精益求精的工匠精神，以及遵章守纪的职业操守。

**相关知识链接**

1. 手持电动工具安全防护。
2. 垂直运输机械安全防护。
3. 塔式起重机安全检查。
4. 施工机具安全检查。

施工机械安全
控制

**职业素养养成**

1. 结合塔式起重机安全标准化仿真教学视频，强调施工机械安全控制的重要性，提高安全意识，树立"安全第一、预防为主"的职业情感，培养精益求精的工匠精神，以及遵章守纪的职业操守。

2. 通过编制施工机械安全技术交底方案，以及对"塔式起重机安全检查""施工机具安全检查"的学习，培养精益求精的工匠精神，以及遵章守纪的职业操守。

**情境创设**

通过塔式起重机安全标准化仿真教学视频，引导学生思考如何做好塔式起重机安全标准化，说明施工机械安全控制的重要性，特别是遵章守纪的重要性。

塔式起重机
安全标准化
仿真教学

# 10.1　手持电动工具安全防护

**1. 手持电动工具的概念**

手持电动工具是指由电动机或电磁铁驱动做机械功，被设计成电动机与机械部分组装在一起，并容易被携带到工作场地，用手持或悬挂方式操作的机器。

**2. 手持电动工具的分类**

手持电动工具按照工具在防止触电的保护方面进行分类，主要分为以下三类。

Ⅰ类手持电动工具，在防止触电的保护方面不仅依靠基本绝缘，还包含一个附加安全预防措施，即将可触及的可导电零件与已安装的固定线路中的保护（接地）导线连接起来，使得可导电零件在基本绝缘损坏的情况下不会成带电体。

Ⅱ类手持电动工具，在防止触电的保护方面不仅依靠基本绝缘，还提供双重绝缘或加强绝缘的附加安全预防措施和设有保护接地措施。Ⅱ类工具分绝缘外壳Ⅱ类工具和金属外壳

Ⅱ类工具，在工具的明显部位标有Ⅱ类结构符号。

Ⅲ类手持电动工具，在防止触电的保护方面依靠由安全特低电压供电，且在工具内部不会产生比安全电压高的电压。

**3. 施工现场常用的手持电动工具**

施工现场常用的手持电动工具有：电钻、电锯、切割机、抛光机、电锤类工具、冲击扳手、电剪刀等（图 10-1）。

图 10-1　施工现场常用的手持电动工具

**4. 手持电动工具主要危害及预防途径**

手持电动工具造成的主要危害有：电灼伤、电击、击伤、割伤、碎削、粉尘和其他。

手持电动工具主要危害的预防途径有：三线连接，其中的一线接地；双重绝缘；适当的个人防护。

手持电动工具绝缘电阻应符合表 10-1 所示要求。

**5. 手持电动工具基本安全准则**

（1）定期维护，保持良好状况。

（2）使用正确的工具和配件。

（3）使用前检查工具是否破损，严禁使用已损坏的工具。

（4）根据厂方提示使用工具和配件。

（5）提供及使用正确的个人防护。

**6. 手持电动工具检查和维修**

（1）专人保管，每日检查。

（2）专职人员定期检查：每季度至少全面检查一次。

（3）检查管理标签。

（4）填写日常检查清单。

（5）测量工具的绝缘电阻。

**7. 手持电动工具日常检查清单**

（1）外壳、手柄是否有裂缝和破损。

（2）保护接地或接零线连接是否正确、牢固可靠。

（3）软电缆或软线是否完好无损。

（4）插头是否完整无损。

（5）开关动作是否正常、灵活，有无缺陷、破裂。

（6）电气保护装置是否良好。

（7）机械防护装置是否完好。

（8）工具转动部分是否转动灵活无障碍。

表 10-1　手持电动工具绝缘电阻

| 绝缘电阻的检测<br>(用 500 伏兆欧表测量) | 测 量 部 位 | 绝缘电阻 |
| --- | --- | --- |
| | Ⅰ类工具带电零件与外壳之间 | 2MΩ |
| | Ⅱ类工具带电零件与外壳之间 | 7MΩ |
| | Ⅲ类工具带电零件与外壳之间 | 1MΩ |

## 10.2　垂直运输机械安全防护

**1. 垂直运输机械的类别与组成**

施工现场常用的垂直运输机械主要有塔式起重机、施工升降机、物料提升机三类,其他如汽车式(轮胎式)起重机、履带式起重机等,现场使用频率不高。

1) 塔式起重机(塔吊)类型与组成

(1) 塔式起重机按工作方法分成固定式塔式起重机和行走式塔式起重机。

固定式塔式起重机:塔身固定,靠塔臂转动和小车变幅来运行。有爬升式、附着式两种。

行走式塔式起重机:塔身安装在轨道上,通过轨道来移动,从一个作业点到另一个作业点。

(2) 塔式起重机按旋转方式分成上旋转和下旋转两种。

上旋转式:塔身不旋转,起重臂旋转。

下旋转式:塔身和起重臂都可以旋转,塔身旋转起重臂与塔顶固定。

(3) 塔吊技术性能参数。

起重量:吊钩上所悬挂的索具和吊物重量之和,分为两类,一类是最大幅度时的起重量,另一类是最大额定起重量。

工作幅度:也称为回转半径或起重半径,是吊钩中心到塔机回转中心之间的水平距离。

起重高度:在最大工作幅度时,吊钩中心距地面或轨道顶面的垂直距离。

起重力矩:起重机起重能力的主要参数,也是塔式起重机稳定性的一个重要参数,起重力矩等于起重量与工作幅度的乘积。

轨距:轨道行走式塔式起重机的一个很重要的参数,表示两个轨道中心之间的距离。

(4) 塔式起重机的组成。

塔式起重机由基础、轨道(仅轨道行走式塔吊有)、塔身、塔顶、附着架(仅附着式塔吊有)、起重臂、平衡臂、提升机构、顶升机构、电气控制系统、各类安全装置等组成。安全装置包括起重量限制器、力矩限制器、高度限制器、幅度限制器、行程限制器、吊钩保险装置、卷扬机卷筒保险装置。

2) 施工升降机类型与组成

(1) 施工升降机的类型。施工升降机也称施工电梯或施工外用电梯,是一种垂直井架(立柱)导轨式外用笼式电梯,主要功能是解决人员和物料的垂直运输。一般的施工升降机都是双梯笼形式。其主要参数有梯笼运行高度、运输重量。

（2）施工升降机的组成。施工升降机由基础、架体（立柱标准节）、梯笼、底笼、附壁架、传动机构、限速器、天轮、平衡重、吊杆、电气系统、各类安全装置等组成。安全装置包括制动器、坠落限速器（防坠器）、门连锁装置、上下限位装置等。

3）物料提升机类型与组成

物料提升机是垂直运输物料的机械，按照构造不同分成井字架提升机和龙门架提升机两种。

（1）井字架提升机。井字架提升机四角由四根型钢，竖向每边间隔一定距离设水平型钢，组成一个空间四边形，形似"井"字，故称为井字架提升机，简称井架提升机。

（2）龙门架提升机。龙门架提升机由左、右两个立柱与顶部横梁（俗称天梁）和底部横梁组成一个形似"龙门"空间结构，故称为龙门架提升机。龙门架提升机立柱和横梁都由型钢组成。其主要参数包括提升高度、重量。

物料提升机主要由基础、架体、附墙架（缆风绳）、提升机构、各类安全防护装置组成。安全防护装置包括吊篮安全停靠装置、断绳保护装置、上下极限限位装置、缓冲器、超载限制器、上料口防护棚。

**2. 塔式起重机的安全使用**

1）塔式起重机的安全要求

（1）力矩限制器：当发生超重或作业半径过大而导致力矩超过塔式起重机的额定力矩的 90% 时，发出报警信号，当力矩超过额定值时，即自动切断起升或变幅动力源，并发出报警信号。

（2）起重量限制器（超载限制器）：当起重量达到额定值的 90% 时，发出报警信号，当起重量超过额定值时切断上升电源，并发出报警信号。

（3）超高限位器：当吊钩上升到极限位置时，自动切断起升机构上升电源。吊钩至定滑轮距离不少于两倍制动距离，且不少于 2m。

（4）变幅限位器：小车变幅限位，即小车离开吊臂端部和根部的极限距离限制器；吊臂限位，即通过吊臂的角度来变换作业半径时，控制吊臂角度大小的限制器。

（5）行走限位器：轨道式起重机行走时控制不出轨的限制器。

（6）回转限制器：吊臂作回转时控制其旋转圈数的限制器。一般地，吊臂向一个方向旋转不超过一圈半。

（7）吊钩保险装置：防止钢丝绳从吊钩中脱钩的装置。

（8）卷筒保险装置：吊物需在空中停止时，防止吊物自由下滑的滚筒棘轮保险装置，安装在卷扬机滚筒上。

（9）滑轮防绳滑脱装置：防止钢丝绳从滑轮槽内脱出的保险装置。

（10）爬梯护圈：爬上塔式的高度大于 5m 时，从平台以上 2m 处开始设防护圈，用于防止人员坠落。

2）塔式起重机安全使用的一般要求

（1）操作人员必须是经专业培训合格，具有上岗证的特种作业人员。

（2）当风力达到 6 级及以上时停止起重作业。

（3）有下列情形之一的起重机械，不得出租、使用。

① 国家明令淘汰或禁止使用的。

② 超过安全技术标准或制造厂家规定使用年限的。

③ 经检验达不到安全技术标准的。

④ 没有完整安全技术档案的。

⑤ 没有齐全有效的安全保护装置的。

（4）塔式起重机应由专业安装资质单位和人员进行安装，安装完成后，应组织相关人员进行检查验收，确认合格，然后委托有检测资质的单位或部门进行检测，并出具检测合格证，使用单位凭检测合格证和操作人员上岗证到相关部门办理使用手续，领取使用证后才能使用。

（5）塔式起重机必须采用专用电缆供电，接电符合《施工现场临时用电安全技术规范》（JGJ 46—2005）要求，并有可靠的接地。

（6）起重臂高度大于 50m 时，在塔顶与臂架部位应设避雷针、专用引入线和接地装置。

（7）按规定张贴或悬挂安全标牌，主要有操作规程牌、验收合格牌、限载标志牌、安全警示牌、定人定机责任牌。

**3. 施工升降机的安全使用**

1）施工升降机的安全要求

（1）施工升降机由专业安装资质单位和人员进行安装，安装完成后，应组织相关人员进行检查验收、确认合格，然后委托有检测资质的单位或部门进行检测，并出具检测合格证，使用单位凭检测合格证和操作人员上岗证到相关部门办理使用手续，领取使用证后才能使用。

（2）施工升降机的基础应按照设备厂家提供的条件施工和验收；当设置在地下室顶板或楼层结构板上时，应对其支承结构进行承载力验算；基础周围应设排水沟。

（3）电梯应单独安装接地保护和避雷接地装置，并应经常保持接地状态良好。

（4）导轨架安装时要严格控制垂直度偏差，其偏差值不得超过万分之五或按说明书要求。

（5）施工作业过程中，特别要经常检查制动器和防坠落限速器的安全性，检查制动器的自动调节间隙机构的清洁度及间隙，限速器的坠落试验及标定时间（要求每年标定一次）。

（6）使用过程中，要对门联锁装置做动作试验，确保梯笼门不关严密，梯笼不运行。对上下限位装置做动作试验，确保限位有效、灵敏。

（7）附墙架安装方式、间距必须符合设备厂家的要求，安装固定牢固。

（8）使用中要经常检查钢丝绳，对严重生锈或磨损断丝的必须更换，防止坠落事故发生。

（9）施工升降机必须设置信号指挥，信号指挥人员与司机密切配合，按照给定的信号操作。出入口上方应设置防护棚，防止高处落物伤人。在塔吊作业范围内须设置二层顶棚。

（10）按规定张贴或悬挂安全标牌，主要有操作规程牌、验收合格牌、限载标志牌、安全警示牌、定人定机责任牌。

2）施工升降机的使用要求

（1）施工升降机底笼周围 2.5m 范围内必须设置稳固的防护栏杆，各楼层站过桥和运输通道应平整牢固、两侧设置不低于 1.2m 高的安全防护栏杆。

（2）作业前应对施工升降机的各杆件、部件、连接点、钢丝绳及电气设备、安全装置等进行仔细检查，确认正常后才能投入运行。

（3）在每班首次载重运行时，必须从最底层上升，严禁自上而下。当梯笼升离地面 1～2m 时要停车试验制动器的可靠性，确认正常才可运行。

（4）梯笼内乘人或载物时，荷载应均匀布置，防止偏重，严禁超载运行。

（5）施工升降机必须由经培训考核合格取得资格证和上岗证的专职司机操作。在未切断总电源时，司机不得离开操作岗位。

（6）施工升降机在运行中如发现机械及电气部件有异常情况，应立即停机检查，排除故障后方可继续运行。

（7）在大雨、大雾和 6 级及以上大风时，电梯应停止运行，并将梯笼降到底层，切断电源。

（8）施工升降机运行到最上层和最下层时，严禁以行程限位开关自动停车来代替正常操纵按钮的使用。

（9）作业完成后，将梯笼降到底层，各控制开关拨到零位，切断电源，锁好电闸箱，闭锁梯笼门和围护门。

**4. 物料提升机的安全使用**

1）提升机安全要求

（1）地基承载力要满足设备提出的要求，当天然地基承载力不足时，要采取措施；基础应有排水措施，距基础边缘 5m 范围内有开挖或存在较大振动时，必须采取相应保证架体稳定的措施。

（2）提升机由专业安装资质单位和人员进行安装，安装完成后，应组织相关人员进行检查验收，确认合格，然后委托有检测资质的单位或部门进行检测，并出具检测合格证，使用单位凭检测合格证和操作人员上岗证到相关部门办理使用手续，领取使用证后才能使用。

（3）卸料平台两侧加高度不低于 1.2m 的设安全防护栏杆，并用密目式安全立网封闭。平台脚手板搭设严密牢靠，应采用不易打滑材料铺设，并与架体固定牢固。平台处应加设防护门，且采用联锁开启装置，吊篮不到平台不能开启。

（4）提升机进料口上方应设置防护棚，防止高处落物伤人。在塔吊作业范围内须设置二层顶棚。

（5）架体高度在 20m 以下时，可以采用一组缆风绳（不少于 4 根）对角固定；往上增高10m 再设一组缆风绳。高度大于 30m 的物料提升机不应采用缆风绳，应该采取附墙件（连墙杆）来固定，确保架体稳定性。缆风绳与地面夹角在 45°～60°，用地锚固定在地面，严禁固定在树木、电杆或堆放的构件上。

（6）卷扬机钢丝绳磨损、断丝达到报废规定时，应立即更新。卷筒上钢丝缠绕数量不少于 3 圈。卷扬机固定必须牢固、可靠，有防止产生滑动的措施。不得固定在树木和电杆上。卷扬机操作场所必须搭设坚固的操作棚，操作棚除操作一侧敞开外，其余三面密封，且要防雨、不影响视线。

（7）提升机在各个楼层处应装设信号装置，同时应设层站标志，操作人员须能清晰地看到装卸料平台位置。

（8）当提升机位置和高度在建筑物（构筑物）的防雷装置的保护范围以外时，必须设置防雷装置,避雷针、引入线和接地装置须符合规定,接地电阻不大于10Ω。

2）提升机安全使用要求

（1）操作人员必须是经专业培训合格、具有上岗证的特种作业人员。

（2）使用过程中要经常检查架体的稳定性、牢固性、各部位连接件连接紧固性。

（3）物料在吊篮内应均匀分布,不得超出吊篮。严禁超载使用,严禁人员乘吊篮上下。

（4）提升作业时,应设专人指挥,信号不清不得开机提升,作业中无论任何人发出紧急停车信号,应立即执行停车。

（5）使用中应经常检查各类安全装置、通信装置,如果发现失灵应立即停机修复,不得随意使用极限限位装置。

（6）使用中要经常检查钢丝绳、滑轮工作情况,发现磨损严重,必须按照规定进行更换。

（7）作业后,应将吊篮降到地面,各控制开关拨零位,切断电源,锁好电闸箱。

（8）按规定张贴或悬挂安全标牌,主要有操作规程牌、验收合格牌、限载标志牌、安全警示牌、定人定机责任牌。

## 10.3 起重吊装作业安全控制

**1. 起重机械类型**

起重机械的种类很多,大致可分为以下三大类。

第一类为小型起重设备,包括千斤顶、滑车、起重葫芦和卷扬机等。

第二类为起重机,包括各种桥架式起重机、缆索式起重机、桅杆式起重机、汽车（轮胎）式起重机、履带式起重机和塔式起重机等。

第三类为升降机,包括简易升降机、物料提升机和施工升降机等。

**2. 起重机械的工作特点**

虽然起重机械种类很多,各自的结构、功能也千差万别,但从作业安全的角度分析,其特点大致可归纳为以下五个方面。

1）吊运载荷经常变化

任何一台起重机械其实际载荷,在额定起重量范围内是经常变化的,运吊物体的形状也是多变的。这种多变化性,使吊运过程存在更多的不确定性,不安全因素增多。

2）吊运动作无规则

通常起重机具有多个运动方向,而且往往需要多个方向的运动同时进行,因而要求驾驶员操作技术高、动作协调好。稍有不慎,就会造成设备损毁、人员伤亡的事故。

3）运行轨迹复杂

吊钩的运动轨迹在整个作业面内任意变化,在现场内的工作人员都有可能受到吊物的撞击;吊钩的运动速度变化范围也较大,而且起动、制动频繁,对设备易造成动载冲击,使重物摆动。

4）起重机结构庞大

如塔式起重机幅度在90m左右,起重高度可达160m。这样大的结构,难于运转灵活,而且驾驶员离运动着的吊物较远,不易控制,凭经验操作因素增多,造成事故的概率较高。

5）外部环境复杂

塔式起重机和汽车式起重机等臂架型起重机作业时，可能会与周围的建筑物或空中架设的高压输电线路及通信线路等碰触。起重机行走及吊物运行时，都有可能碰到地面上的障碍物。另外，露天作业的起重机随时都有遭遇大风袭击的危险。这些不利的外部环境，都会对起重作业安全构成严重威胁。

**3. 起重吊装作业安全措施**

1）施工准备安全措施

（1）根据起重吊装工程的特点制定严密的施工组织设计，对于危险性较大的起重吊装作业，必须编制专项施工方案，超过一定规模的危险性较大的起重吊装作业，编制的专项方案须经过专家论证。

（2）按照施工组织设计（方案）成立安全管理领导小组，编制安全施工管理岗位责任制和其他安全管理制度。

（3）加强施工作业人员的安全培训教育，提高安全思想意识。

（4）起重机操作司机和信号指挥人员必须经过专业培训考核合格并取得岗位上岗证才能上岗作业。

（5）吊装作业前，必须对工作现场周围环境、行驶道路、架空电线、建筑物以及构件重量、起吊高度、起吊幅度等情况进行全面了解，并采取对应安全保护措施。作业时，应有足够的工作场地，起重臂杆起落及回转半径内无障碍物。

2）起重吊装作业安全管理措施

（1）起重作业前，应检查起重机的变幅指示器、力矩限制器和各种行程限位开关安全保护装置，必须齐全、完整、灵敏可靠，不得随意调整和拆除。

（2）操作人员在进行起重机回转、变幅、行走和吊钩升降等动作前，应鸣声示意。操作时应严格执行指挥人员的信号命令。

（3）起重机作业时，重物下方不得有人停留或通过。严禁用非载人起重机载运人员。

（4）起重机在起吊满载或接近满载时，应先将重物吊起离地面 20～50cm，然后停止提升并检查起重机的稳定性、制动器的可靠性、重物的平稳性、绑扎的牢固性。确认无误后方可再行提升。

（5）起重机械必须按规定的起重性能作业，不得超载和起吊不明重量的物件。在特殊情况下需超载荷使用时，必须有保证安全的技术措施，严禁使用起重机进行斜拉、斜吊和起吊地下埋设或凝结在地面上的重物。

（6）起重机使用的钢丝绳，其结构形式、规格、强度必须符合该型起重机的要求，并要有制造厂的技术证明文件作为依据。每班作业前，应对钢丝绳所有可见部分以及钢丝绳的连接部位进行检查。

（7）遇到 6 级以上大风或大雨、大雪、大雾等恶劣天气时，应停止起重机露天作业。起重机在雨雪天气作业时，应先经过试吊，确认制动器灵敏可靠后方可进行作业。

（8）起重吊装作业，如处于高处作业范围时，须按照高处作业规定，采取相应的安全防护措施。主要包括洞口盖严盖牢、临边安全护栏、封挂安全密目网、作业人员安全帽安全带佩戴等。

（9）起重吊装作业前，必须按照吊装作业范围，设定警戒区，安排专人监护，禁止无关人员进入吊装作业区。

3）起重吊装作业安全技术措施

（1）起重机应有超载、变幅和力矩限制器，吊钩要有保险装置。

（2）吊装用的钢丝绳、锁具、吊具均应符合现行国家标准，损坏程度超过报废标准的应及时更换。钢丝绳断丝在一个节距中超过10%、钢丝绳锈蚀或表面磨损达到40%以上及有死弯、绳芯挤出时应报废。

（3）索具采用编结连接时，编结长度不应小于15倍的绳径，且不小于300mm。当索具采用绳夹连接时，绳夹的规格应与钢丝绳匹配，绳夹数量、夹间距应符合规范要求。

（4）多台起重机共同工作时，必须随时掌握各起重机的同步性，单机负荷不得超过该机额定起重量的80%。

（5）吊装作业时，充分了解构件的形状、重量等，正确选择绑扎点、绑扎方式，确保绑扎牢固。对于长方形构件（杆件）必须采用两点绑扎并保持构件水平吊运，长度短于900mm的杆件不允许直接吊运，必须放在容器内吊运。

（6）构件堆放要平稳，严格控制构件堆放高度。楼板堆放一般不超过1.6m；混凝土柱堆放不超过2层；梁堆放不超过3层；大型屋面板、多孔板堆放为6~8层；钢屋架堆放不超过3层。各层的支撑垫木应在同一垂直线上，各堆构件之间应留不小于0.7m宽的通道。重心较高的构件还应在两侧加设支撑，侧向支撑沿长度方向不少于三道，以防止侧向倾倒。

# 10.4 塔式起重机安全检查

依据《建筑施工安全检查标准》（JGJ 59—2011）的规定，塔式起重机安全检查有如下要求。

**1. 塔式起重机安全检查评定项目**

保证项目包括载荷限制装置、行程限位装置、保护装置、吊钩、滑轮、卷筒与钢丝绳、多塔作业、安拆、验收与使用。

一般项目包括附着、基础与轨道、结构设施、电气安全。

**2. 保证项目的检查评定应符合的规定**

1）载荷限制装置

（1）应安装起重量限制器并应灵敏可靠。当起重量大于相应挡位的额定值并小于该额定值的110%时，应切断上升方向上的电源，但机构可做下降方向的运动。

（2）应安装起重力矩限制器并应灵敏可靠。当起重力矩大于相应工况下的额定值并小于该额定值的110%时，应切断上升和幅度增大方向的电源，但机构可作下降和减小幅度方向的运动。

2）行程限位装置

（1）应安装起升高度限位器，它的安全越程应符合规范要求，并应灵敏可靠。

（2）小车变幅的塔式起重机应安装小车行程开关，动臂变幅的塔式起重机应安装臂架幅度限制开关，并应灵敏可靠。

（3）回转部分不设集电器的塔式起重机应安装回转限位器，并应灵敏可靠。

（4）行走式塔式起重机应安装行走限位器，并应灵敏可靠。

3）保护装置

（1）小车变幅的塔式起重机应安装断绳保护及断轴保护装置，并应符合规范要求。

（2）行走及小车变幅的轨道行程末端应安装缓冲器及止挡装置，并应符合规范要求。

（3）起重臂根部铰点高度大于50m的塔式起重机应安装风速仪，并应灵敏可靠。

（4）当塔式起重机顶部高度大于30m且高于周围建筑物时，应安装障碍指示灯。

4）吊钩、滑轮、卷筒与钢丝绳

（1）吊钩应安装钢丝绳防脱钩装置并应完整可靠，吊钩的磨损、变形应在规定允许的范围内。

（2）滑轮、卷筒应安装钢丝绳防脱装置并应完整可靠，滑轮、卷筒的磨损应在规定允许的范围内。

（3）钢丝绳的磨损、变形、锈蚀应在规定允许的范围内，钢丝绳的规格、固定、缠绕应符合说明书及规范要求。

5）多塔作业

（1）多塔作业应制定专项施工方案并经过审批。

（2）任意两台塔式起重机之间的最小架设距离应符合规范要求。

6）安拆、验收与使用

（1）安装、拆卸单位应具有起重设备安装工程专业承包资质和安全生产许可证。

（2）安装、拆卸应制定专项施工方案，并经过审核、审批。

（3）安装完毕应履行验收程序，验收表格应由责任人签字确认。

（4）安装、拆卸作业人员及司机、指挥应持证上岗。

（5）塔式起重机作业前应按规定进行例行检查，并应填写检查记录。

（6）实行多班作业时，应按规定填写交接班记录。

**3. 一般项目的检查评定应符合的规定**

1）附着

（1）当塔式起重机高度超过产品说明书规定时，应安装附着装置，附着装置安装应符合产品说明书及规范要求。

（2）当附着装置的水平距离不能满足产品说明书要求时，应进行设计计算和审批。

（3）安装内爬式塔式起重机的建筑承载结构应进行受力计算。

（4）附着前和附着后塔身垂直度应符合规范要求。

2）基础与轨道

（1）塔式起重机基础应按产品说明书及有关规定进行设计、检测和验收。

（2）基础应设置排水措施。

（3）路基箱或枕木铺设应符合产品说明书及规范要求。

（4）轨道铺设应符合产品说明书及规范要求。

3）结构设施

（1）主要结构件的变形、锈蚀应在规范允许的范围内。

（2）平台、走道、梯子、护栏的设置应符合规范要求。

（3）高强螺栓、销轴、紧固件的紧固、连接应符合规范要求，高强螺栓应使用力矩扳手或专用工具紧固。

4）电气安全

（1）塔式起重机应采用 TN-S 接零保护系统供电。

（2）塔式起重机与架空线路的安全距离和防护措施应符合规范要求。

（3）塔式起重机应安装避雷接地装置，并应符合规范要求。

（4）电缆的使用及固定应符合规范要求。

**4. 塔式起重机检查评分表**

塔式起重机安全检查是塔式起重机的安全控制措施，通过塔式起重机检查评分表（表 10-2），对评定项目进行安全检查，及时发现不符合规定的或不安全因素，并采取有效的防范措施，确保塔式起重机安全。

表 10-2　塔式起重机检查评分表

| 序号 | 检查项目 | | 扣分标准 | 应得分数 | 扣减分数 | 实得分数 |
|---|---|---|---|---|---|---|
| 1 | | 载荷限制装置 | 未安装起重量限制器或不灵敏扣 10 分；<br>未安装力矩限制器或不灵敏扣 10 分 | 10 | | |
| 2 | | 行程限位装置 | 未安装起升高度限位器或不灵敏扣 10 分；<br>未安装幅度限位器或不灵敏扣 6 分；<br>回转不设集电器的塔式起重机未安装回转限位器或不灵敏扣 6 分；<br>行走式塔式起重机未安装行走限位器或不灵敏扣 8 分 | 10 | | |
| 3 | 保证项目 | 保护装置 | 小车变幅的塔式起重机未安装断绳保护及断轴保护装置或不符合规范要求扣 8～10 分；<br>行走及小车变幅的轨道行程末端未安装缓冲器及止挡装置或不符合规范要求扣 6～10 分；<br>起重臂根部绞点高度大于 50m 的塔式起重机未安装风速仪或不灵敏扣 4 分；<br>塔式起重机顶部高度大于 30m 且高于周围建筑物未安装障碍指示灯扣 4 分 | 10 | | |
| 4 | | 吊钩、滑轮、卷筒与钢丝绳 | 吊钩未安装钢丝绳防脱钩装置或不符合规范要求扣 8 分；<br>吊钩磨损、变形、疲劳裂纹达到报废标准扣 10 分；<br>滑轮、卷筒未安装钢丝绳防脱装置或不符合规范要求扣 4 分；<br>滑轮及卷筒的裂纹、磨损达到报废标准扣 6～8 分；<br>钢丝绳磨损、变形、锈蚀达到报废标准扣 6～10 分；<br>钢丝绳的规格、固定、缠绕不符合说明书及规范要求扣 5～8 分 | 10 | | |
| 5 | | 多塔作业 | 多塔作业未制定专项施工方案扣 10 分，施工方案未经审批或方案针对性不强扣 6～10 分；<br>任意两台塔式起重机之间的最小架设距离不符合规范要求扣 10 分 | 10 | | |

| 序号 | 检查项目 | | 扣 分 标 准 | 应得分数 | 扣减分数 | 实得分数 |
|---|---|---|---|---|---|---|
| 6 | 保证项目 | 安装、拆卸与验收 | 安装、拆卸单位未取得相应资质扣 10 分；<br>未制定安装、拆卸专项方案扣 10 分，方案未经审批或内容不符合规范要求扣 5～8 分；<br>未履行验收程序或验收表未经责任人签字扣 5～8 分；<br>验收表填写不符合规范要求每项扣 2～4 分；<br>特种作业人员未持证上岗扣 10 分；<br>未采取有效联络信号扣 7～10 分 | 10 | | |
| | | 小　　计 | | 60 | | |
| 7 | 一般项目 | 附着 | 塔式起重机高度超过规定不安装附着装置扣 10 分；<br>附着装置水平距离或间距不满足说明书要求而未进行设计计算和审批扣 6～8 分；<br>安装内爬式塔式起重机的建筑承载结构未进行受力计算扣 8 分；<br>附着装置安装不符合说明书及规范要求扣 6～10 分；<br>附着后塔身垂直度不符合规范要求扣 8～10 分 | 10 | | |
| 8 | | 基础与轨道 | 基础未按说明书及有关规定设计、检测、验收扣 8～10 分；<br>基础未设置排水措施扣 4 分；<br>路基箱或枕木铺设不符合说明书及规范要求扣 4～8 分；<br>轨道铺设不符合说明书及规范要求扣 4～8 分 | 10 | | |
| 9 | | 结构设施 | 主要结构件的变形、开焊、裂纹、锈蚀超过规范要求扣 8～10 分；<br>平台、走道、梯子、栏杆等不符合规范要求扣 4～8 分；<br>主要受力构件高强螺栓使用不符合规范要求扣 6 分；<br>销轴联接不符合规范要求扣 2～6 分 | 10 | | |
| 10 | | 电气安全 | 未采用 TN-S 接零保护系统供电扣 10 分；<br>塔式起重机与架空线路小于安全距离又未采取防护措施扣 10 分；<br>防护措施不符合要求扣 4～6 分；<br>防雷保护范围以外未设置避雷装置扣 10 分；<br>避雷装置不符合规范要求扣 5 分；<br>电缆使用不符合规范要求扣 4～6 分 | 10 | | |
| | | 小　　计 | | 40 | | |
| | | 检查项目合计 | | 100 | | |

# 10.5　施工机具安全检查

根据《建筑施工安全检查标准》（JGJ 59—2011）的规定，施工机具安全检查有如下要求。

**1. 施工机具安全检查评定项目**

安全检查评定项目包括平刨、圆盘锯、手持电动工具、钢筋机械、电焊机、搅拌机、气瓶、翻斗车、潜水泵、振捣器、桩工机械。

**2. 施工机具检查评定应符合的规定**

1) 平刨

(1) 平刨安装完毕应按规定履行验收程序,并应经责任人签字确认。

(2) 平刨应设置护手及防护罩等安全装置。

(3) 保护零线应单独设置,并应安装漏电保护装置。

(4) 平刨应按规定设置作业棚,并应具有防雨、防晒等功能。

(5) 不得使用同台电机驱动多种刃具、钻具的多功能木工机具。

2) 圆盘锯

(1) 圆盘锯安装完毕应按规定履行验收程序,并应经责任人签字确认。

(2) 圆盘锯应设置防护罩、分料器、防护挡板等安全装置。

(3) 保护零线应单独设置,并应安装漏电保护装置。

(4) 圆盘锯应按规定设置作业棚,并应具有防雨、防晒等功能。

(5) 不得使用同台电机驱动多种刃具、钻具的多功能木工机具。

3) 手持电动工具

(1) Ⅰ类手持电动工具应单独设置保护零线,并应安装漏电保护装置。

(2) 使用Ⅰ类手持电动工具应按规定穿戴绝缘手套、绝缘鞋。

(3) 手持电动工具的电源线应保持出厂状态,不得接长使用。

4) 钢筋机械

(1) 钢筋机械安装完毕应按规定履行验收程序,并应经责任人签字确认。

(2) 保护零线应单独设置,并应安装漏电保护装置。

(3) 钢筋加工区应搭设作业棚,并应具有防雨、防晒等功能。

(4) 对焊机作业应设置防火花飞溅的隔热设施。

(5) 钢筋冷拉作业应按规定设置防护栏。

(6) 机械传动部位应设置防护罩。

5) 电焊机

(1) 电焊机安装完毕应按规定履行验收程序,并应经责任人签字确认。

(2) 保护零线应单独设置,并应安装漏电保护装置。

(3) 电焊机应设置二次空载降压保护装置。

(4) 电焊机一次线长度不得超过5m,并应穿管保护。

(5) 二次线应采用防水橡皮护套铜芯软电缆。

(6) 电焊机应设置防雨罩,接线柱应设置防护罩。

6) 搅拌机

(1) 搅拌机安装完毕应按规定履行验收程序,并应经责任人签字确认。

(2) 保护零线应单独设置,并应安装漏电保护装置。

(3) 离合器、制动器应灵敏有效,料斗钢丝绳的磨损、锈蚀、变形量应在规定允许的范围内。

(4) 料斗应设置安全挂钩或止挡装置,传动部位应设置防护罩。

（5）搅拌机应按规定设置作业棚，并应具有防雨、防晒等功能。

7）气瓶

（1）气瓶使用时必须安装减压器，乙炔瓶应安装回火防止器，并应灵敏可靠。

（2）气瓶间安全距离不应小于 5m，与明火安全距离不应小于 10m。

（3）气瓶应设置防震圈、防护帽，并应按规定存放。

8）翻斗车

（1）翻斗车制动、转向装置应灵敏可靠。

（2）司机应经专门培训，持证上岗，行车时车斗内不得载人。

9）潜水泵

（1）保护零线应单独设置，并应安装漏电保护装置。

（2）负荷线应采用专用防水橡皮电缆，不得有接头。

10）振捣器

（1）振捣器作业时应使用移动配电箱、电缆线长度不应超过 30m。

（2）保护零线应单独设置，并应安装漏电保护装置。

（3）操作人员应按规定穿戴绝缘手套、绝缘鞋。

11）桩工机械

（1）桩工机械安装完毕应按规定履行验收程序，并应经责任人签字确认。

（2）作业前应编制专项方案，并应对作业人员进行安全技术交底。

（3）桩工机械应按规定安装安全装置，并应灵敏可靠。

（4）机械作业区域地面承载力应符合机械说明书要求。

（5）机械与输电线路安全距离应符合现行行业标准《施工现场临时用电安全技术规范》（JGJ 46—2005）的规定。

**3. 施工机具检查评分表**

施工机具安全检查是施工机具的安全控制措施，通过施工机具检查评分表（表 10-3），对评定项目进行安全检查，及时发现不符合规定的或不安全因素，采取有效的防范措施，确保施工机具安全。

表 10-3　施工机具检查评分表

| 序号 | 检查项目 | 扣 分 标 准 | 应得分数 | 扣减分数 | 实得分数 |
|---|---|---|---|---|---|
| 1 | 平刨 | 平刨安装后未进行验收合格手续扣 3 分；<br>未设置护手安全装置扣 3 分；<br>传动部位未设置防护罩扣 3 分；<br>未做保护接零、未设置漏电保护器每处扣 3 分；<br>未设置安全防护棚扣 3 分；<br>无人操作时未切断电源扣 3 分；<br>使用平刨和圆盘锯合用一台电机的多功能木工机具，平刨和圆盘锯两项扣 12 分 | 12 | | |

续表

| 序号 | 检查项目 | 扣 分 标 准 | 应得分数 | 扣减分数 | 实得分数 |
|---|---|---|---|---|---|
| 2 | 圆盘锯 | 电锯安装后未留有验收合格手续扣3分；<br>未设置锯盘护罩、分料器、防护挡板安全装置和传动部位未进行防护每缺一项扣3分；<br>未做保护接零、未设置漏电保护器每处扣3分；<br>未设置安全防护棚扣3分；<br>无人操作时未切断电源扣3分 | 10 | | |
| 3 | 手持电动工具 | Ⅰ类手持电动工具未采取保护接零或漏电保护器扣8分；<br>使用Ⅰ类手持电动工具不按规定穿戴绝缘用品扣4分；<br>使用手持电动工具随意接长电源线或更换插头扣4分 | 8 | | |
| 4 | 钢筋机械 | 机械安装后未留有验收合格手续扣5分；<br>未做保护接零、未设置漏电保护器每处扣5分；<br>钢筋加工区无防护棚，钢筋对焊作业区未采取防止火花飞溅措施，冷拉作业区未设置防护栏每处扣5分；<br>传动部位未设置防护罩或限位失灵每处扣3分 | 10 | | |
| 5 | 电焊机 | 电焊机安装后未留有验收合格手续扣3分；<br>未做保护接零、未设置漏电保护器每处扣3分；<br>未设置二次空载降压保护器或二次侧漏电保护器每处扣3分；<br>一次线长度超过规定或不穿管保护扣3分；<br>二次线长度超过规定或未采用防水橡皮护套铜芯软电缆扣3分；<br>电源不使用自动开关扣2分；<br>二次线接头超过3处或绝缘层老化每处扣3分；<br>电焊机未设置防雨罩、接线柱未设置防护罩每处扣3分 | 8 | | |
| 6 | 搅拌机 | 搅拌机安装后未留有验收合格手续扣4分；<br>未做保护接零、未设置漏电保护器每处扣4分；<br>离合器、制动器、钢丝绳达不到要求每项扣2分；<br>操作手柄未设置保险装置扣3分；<br>未设置安全防护棚和作业台不安全扣4分；<br>上料斗未设置安全挂钩或挂钩不使用扣3分；<br>传动部位未设置防护罩扣4分；<br>限位不灵敏扣4分；<br>作业平台不平稳扣3分 | 8 | | |
| 7 | 气瓶 | 氧气瓶未安装减压器扣5分；<br>各种气瓶未标明标准色标扣2分；<br>气瓶间距小于5m，距明火小于10m又未采取隔离措施每处扣2分；<br>乙炔瓶使用或存放时平放扣3分；<br>气瓶存放不符合要求扣3分；<br>气瓶未设置防震圈和防护帽每处扣2分 | 8 | | |

续表

| 序号 | 检查项目 | 扣 分 标 准 | 应得分数 | 扣减分数 | 实得分数 |
|---|---|---|---|---|---|
| 8 | 翻斗车 | 翻斗车制动装置不灵敏扣 5 分；<br>无证司机驾车扣 5 分；<br>行车载人或违章行车扣 5 分 | 8 | | |
| 9 | 潜水泵 | 未做保护接零、未设置漏电保护器每处扣 3 分；<br>漏电动作电流大于 15mA、负荷线未使用专用防水橡皮电缆每处扣 3 分 | 6 | | |
| 10 | 振捣器具 | 未使用移动式配电箱扣 4 分；<br>电缆长度超过 30m 扣 4 分；<br>操作人员未穿戴好绝缘防护用品扣 4 分 | 8 | | |
| 11 | 桩工机械 | 机械安装后未留有验收合格手续扣 3 分；<br>桩工机械未设置安全保护装置扣 3 分；<br>机械行走路线的耐力不符合说明书要求扣 3 分；<br>施工作业未编制方案扣 3 分；<br>桩工机械作业违反操作规程扣 3 分 | 6 | | |
| 12 | 泵送机械 | 机械安装后未留有验收合格手续扣 4 分；<br>未做保护接零、未设置漏电保护器每处扣 4 分；<br>固定式混凝土输送泵车未制作良好的设备基础扣 4 分；<br>移动式混凝土输送泵车未安装在平坦坚实的地坪上扣 4 分；<br>机械周围排水不通畅扣 3 分、积灰扣 2 分；<br>机械产生的噪声超过《建筑施工场界噪声限值》扣 3 分；<br>整机不清洁、漏油、漏水每发现一处扣 2 分 | 8 | | |
| | 检查项目合计 | | 100 | | |

【任务思考】

## 任务工作单

(1) 手持电动工具的分类有哪些?

(2) 叙述手持电动工具主要危害及预防途径。

(3) 塔式起重机(塔吊)类型与组成是什么?

(4) 起重吊装作业安全措施有哪些?

(5) 塔式起重机检查评分表的检查项目有哪些?

(6) 施工机具检查评分表的检查项目有哪些?

(7) 如何做好塔式起重机安全标准化?

**任务练习**

**1. 单项选择题**

（1）手持电动工具，按照工具在防止触电的保护方面进行分类，可以分为三类，其中最安全的是（　　）。

    A. Ⅰ类　　　　　　　　　　　　　B. Ⅱ类

    C. Ⅳ类　　　　　　　　　　　　　D. Ⅲ类

（2）手持电动工具使用前，应检查工具是否破损，（　　）使用已损坏的工具。

    A. 不能　　　　　　　　　　　　　B. 严禁

    C. 可以　　　　　　　　　　　　　D. 允许

（3）手持电动工具应安排专职人员定期检查，每季度至少全面检查（　　）次。

    A. 4　　　　　　　B. 3　　　　　　　C. 1　　　　　　　D. 2

（4）Ⅱ类手持电动工具带电零件与外壳之间的绝缘电阻是（　　）MΩ。

    A. 7　　　　　　　B. 2　　　　　　　C. 1　　　　　　　D. 5

（5）塔式起重机（　　）分为固定式塔式起重机和行走式塔式起重机。

    A. 按用途　　　　　　　　　　　　B. 按起重变幅形式

    C. 按塔身结构回转方式　　　　　　D. 工作方法

（6）塔吊安装方案应由（　　）单位编写。

    A. 施工单位　　　　　　　　　　　B. 产权单位

    C. 租赁单位　　　　　　　　　　　D. 有资质安装单位

（7）做塔吊基础的时候，一定要确保地耐力符合设计要求，钢筋混凝土的强度至少达到设计值的（　　）。

    A. 50%　　　　　　　　　　　　　B. 70%

    C. 80%　　　　　　　　　　　　　D. 60%

（8）施工电梯按驱动形式可分为齿轮齿条式、钢丝绳式和（　　）三种。目前使用较多的是齿轮齿条传动 SC 系列外用电梯。

    A. 载货电梯　　　　　　　　　　　B. 混合式电梯

    C. 载人电梯　　　　　　　　　　　D. 人货两用电梯

（9）高层建筑施工电梯的机型选择，应根据建筑体型、建筑面积、运输总量、（　　）要求以及施工电梯的造价与供货条件等确定。

    A. 工期　　　　　　　　　　　　　B. 价格

    C. 建筑高度　　　　　　　　　　　D. 建筑体积

（10）加强施工电梯的是管理。施工电梯全部运转时间中，输送物料的时间只占运送时间的（　　），在高峰期，特别是在上下班时期，人流集中，施工电梯运量达到高峰。

    A. 20%～30%　　　　　　　　　　B. 40%～50%

    C. 30%～40%　　　　　　　　　　D. 50%～60%

**2. 编制施工机械安全技术交底方案**

根据提供的实际工程案例编制施工机械安全技术交底方案（表 10-4）。

表 10-4 安全技术交底

施工单位：

| 工程名称 | | 施工部位（层次） | |
|---|---|---|---|
| 交底提要 | 施工机械安全技术交底 | 交底日期 | |

交底内容：

（1）施工作业条件

（2）操作工艺流程

（3）施工操作要点与要求

（4）施工安全技术措施

（5）安全检查与评定

| 交底人 | | 接收人签字 | |
|---|---|---|---|
| 项目负责人 | | | |
| 执行情况 | | 安全员： 年 月 日 | |

注：交底一式三份，交底人、接收人、安全员各一份。

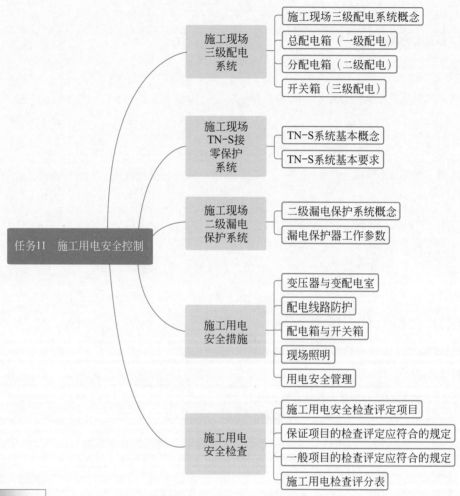

施工现场三级配电系统
- 施工现场三级配电系统概念
- 总配电箱（一级配电）
- 分配电箱（二级配电）
- 开关箱（三级配电）

施工现场TN-S接零保护系统
- TN-S系统基本概念
- TN-S系统基本要求

施工现场二级漏电保护系统
- 二级漏电保护系统概念
- 漏电保护器工作参数

任务11 施工用电安全控制

施工用电安全措施
- 变压器与变配电室
- 配电线路防护
- 配电箱与开关箱
- 现场照明
- 用电安全管理

施工用电安全检查
- 施工用电安全检查评定项目
- 保证项目的检查评定应符合的规定
- 一般项目的检查评定应符合的规定
- 施工用电检查评分表

## 知识目标

1. 掌握施工现场三级配电系统。
2. 掌握施工现场 TN-S 接零保护系统。
3. 熟悉施工现场二级漏电保护系统。
4. 掌握施工用电安全措施。
5. 掌握施工用电安全检查。

## 能力目标

1. 能编制施工用电安全技术交底方案。

2. 能对某建筑施工现场施工用电进行安全检查。

## 素质目标

1. 树立"安全第一、预防为主"的职业情感。

2. 培养精益求精的工匠精神,以及遵章守纪的职业操守。

## 相关知识链接

1. 施工现场三级配电系统。

2. 施工现场 TN-S 接零保护系统。

3. 施工现场二级漏电保护系统。

4. 施工用电安全措施。

5. 施工用电安全检查。

施工用电
安全控制

## 职业素养养成

1. 结合施工用电安全标准化仿真教学视频,强调施工用电安全控制的重要性,提高安全意识,树立"安全第一、预防为主"的职业情感,培养精益求精的工匠精神,以及遵章守纪的职业操守。

2. 通过编制施工用电安全技术交底方案,以及对"施工用电安全检查"的学习,培养精益求精的工匠精神,以及遵章守纪的职业操守。

## 情境创设

通过施工用电安全标准化仿真教学视频,引导学生思考如何做好施工用电安全标准化,说明施工用电安全控制的重要性,特别是遵章守纪的重要性。

施工用电
安全标准化
仿真教学

# 11.1 施工现场三级配电系统

电是现代建筑施工越来越广泛使用的能源。可以说,没有电能的普遍应用,就不会有现代建筑施工,更不可能适应现代建筑施工技术进步、生产效率,以及管理文明的要求。因此,电作为动力源和技术支持对于现代建筑施工来说是必不可少的。但是,在施工用电过程中当人们对它的设置和使用不规范时,也会带来极其严重的危害和灾难。特别是触电和电火能在一瞬间危及人的生命,酿成巨大的财产损失。所以,建筑施工的同时,要特别关注与施工现场特点相适应的用电安全问题。

**1. 施工现场三级配电系统概念**

三级配电系统是指施工现场从电源进线开始至用电设备之间,经过三级配电装置配送电力,即由总配电箱(一级箱)或配电室的配电柜开始,依次经由分配电箱(二级箱)、开关箱(三级箱)到用电设备。这种分三个层次逐级配送电力的系统称为三级配电系统,如图 11-1和图 11-2 所示。

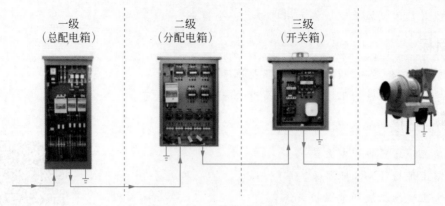

图 11-1　三级配电系统实物图

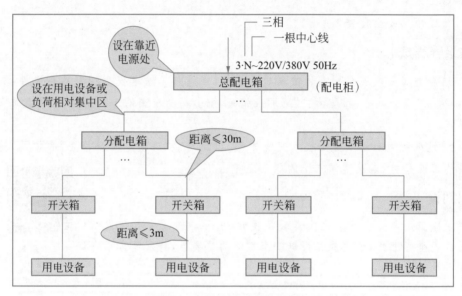

图 11-2　三级配电系统示意图

**2.　总配电箱（一级配电）**

总配电箱内设具有隔离功能的断路器作为主开关（或装自动空气开关），分路设置 4～8 路采用具有隔离功能的断路器，配备漏电开关或漏电保护装置，使之具有欠压、过载、短路、漏电、断相保护功能，同时配备电度表、电压表、电流表、电流互感器。

**3.　分配电箱（二级配电）**

分配电箱内可以含照明回路与动力回路（动力回路与照明回路分路配电），也可以设不含照明回路。对于含照明回路的分配电箱，内设具有隔离功能的断路器作为主开关（与总配电箱分路设置断路器相适应），并分别按动力分路、照明分路设置控制开关，同样的各配电回路也要设置控制开关。一般采用带隔离功能的断路器作为控制开关，也可以直接设置自动空气开关。分配箱内配备漏电开关或漏电保护装置，使之具有过载、短路、漏电等保护功能。箱内 PE 线连线螺栓、N 线接线螺栓根据实际需要配置。

**4.　开关箱（三级配电）**

根据设备动力大小，可以分为地泵等大型设备动力开关箱、塔式起重机等起重设备动力开关箱、5.5kW 以上中型用电设备开关箱、3.0kW 以下小型用电设备开关箱、照明开关箱等类型。开关箱内要装设隔离开关和熔断器(或自动空气开关),配备漏电开关或漏电保护装置,使之具有短路、漏电等保护功能。PE 线端子排为 3 个接线螺栓。

## 11.2　施工现场 TN-S 接零保护系统

### 1. TN-S 系统基本概念

TN 系统是指电源(变压器)中性点直接接地的电力系统中,将电气设备正常不带电的金属外壳或基座经过中性线(零线)直接接零的保护系统。

TN-S 系统是指系统中的工作零线 N 线与保护零线 PE 分开的系统,用电设备的正常不带电的外壳或基座与保护零线 PE 线直接连接的保护系统。三相五线制 TN-S 系统如图 11-3 所示。

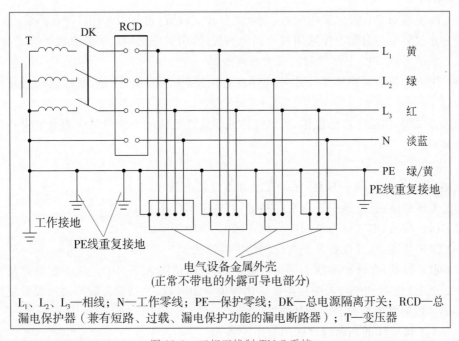

L₁、L₂、L₃—相线;N—工作零线;PE—保护零线;DK—总电源隔离开关;RCD—总漏电保护器(兼有短路、过载、漏电保护功能的漏电断路器);T—变压器

图 11-3　三相五线制 TN-S 系统

建筑施工现场临时用电工程专用的电源中性点直接接地的 220V/380V 三相四线制低压电力系统,必须采用 TN-S 接零保护系统,保护零线应由工作接地线、配电室(总配电箱)电源侧零线或总漏电保护器电源侧零线处引出。在施工现场专用变压器供电的 TN-S 接零保护系统中,电气设备的金属外壳必须与保护零线连接。TN-S 系统中的保护零线除必须在配电室或总配电箱处做重复接地外,还须在配电系统的中间和末端处做重复接地。保护零线每一处重复接地装置的接地电阻值不应大于 10Ω。TN-S 系统中,N 线为淡蓝色的绝缘零线,PE 线为绿/黄双色的绝缘保护零线。任何情况下不能混用或互相代用。

**2. TN-S 系统基本要求**

1）三相五线制 TN-S 系统

（1）施工现场必须采用三相五线制 TN-S 系统，工作相线 $L_1$、$L_2$、$L_3$，工作零线 N，保护零线 PE。工作零线与保护零线必须严格分开，保护零线应由工作接地线处引出，或由配电室（总配电箱）电源侧的零线处引出，保护零线严禁穿过漏电保护器，工作零线必须穿过漏电保护器。

（2）电箱中应设两块端子板（工作零线 N 和保护零线 PE），保护零线端子板与金属电箱相连，工作零线与金属电箱绝缘。

（3）保护零线必须做重复接地，工作零线禁止做重复接地，保护零线的统一标志颜色为绿/黄双色，在任何情况下不准使用绿/黄双色线作负荷线。

（4）当施工现场与外电线路共用同一供电系统时，电气设备的接地、接零保护应与原系统保持一致。不得一部分设备作保护接零，另一部分设备作保护接地。

（5）施工现场采用电业部门高压侧供电，自己设置变压器形成独立电网时，应做工作接地，必须采用 TN-S 系统。

（6）施工现场有自发电机组时，接地系统应独立设置，也应当采用 TN-S 系统。

（7）分包单位与总包单位共用一个供电系统的，两者应采用统一的系统。

（8）保护导体（PE）上严禁装设开关或熔断器。

（9）用电设备的保护导体（PE）不应串联连接，应采用焊接、压接、螺栓连接或其他可靠方法连接。

（10）严禁利用输送可燃液体、可燃气体或爆炸性气体的金属管道作为电气设备的接地保护导体（PE）。

2）接地要求

接地有工作接地、保护接地、保护接零和重复接地四种。

（1）工作接地：变压器中性点直接接地，其电阻值应不大于 $4\Omega$。

（2）保护接地：电气设备外壳与大地连接，其电阻值不大于 $4\Omega$。

（3）保护接零：电气设备外壳与电网的零线连接。

（4）重复接地：在保护零线上再做的接地，其电阻值不大于 $10\Omega$。施工现场重复接地不能少于三处（开始端、中端、末端），在设备比较集中的区域、大型设备等均要增设重复接地。

接地装置的敷设应符合下列要求。

（1）人工接地体的顶面埋设深不宜小于 0.6m。

（2）人工垂直接地体宜采用热浸镀锌圆钢、角钢、钢管，长度宜为 2.5m；人工水平接地体宜采用热浸镀锌的扁钢或圆钢；圆钢直径不应小于 12mm；扁钢、角钢等型钢截面不应小于 $90mm^2$，其厚度不应小于 3mm，钢管壁厚不应小于 2mm；人工接地体不得采用螺纹钢筋。

（3）人工垂直接地体的埋设间距不宜小于 5m。

（4）接地装置的焊接应采用搭接焊接，搭接长度等应符合下列要求：扁钢与扁钢搭接为其宽度的 2 倍，不应少于三面施焊；圆钢与圆钢或圆钢与扁钢搭接为其直径的 6 倍，应双面施焊；扁钢与钢管，扁钢与角钢焊接，应紧贴 3/4 钢管表面或角钢外侧两面，上下两侧施焊；除埋设在混凝土中的焊接接头以外，焊接部位应做防腐处理。

（5）利用自然接地体接地时，应保证其有完好的电气通路。

（6）接地线应直接接至配电箱保护导体（PE）汇流排，接地线的截面应与水平接地体的截面相同。

# 11.3 施工现场二级漏电保护系统

**1. 二级漏电保护系统概念**

二级漏电保护系统是指在整个施工现场临时用电工程中，总配电箱和开关箱中必须设置漏电保护器。这也是我国颁布的《建设工程施工现场供用电安全规范》中要求的最低标准。为了增加安全程度，也可以采用三级保护系统，即总配电箱、分配电箱和开关箱中均设置漏电保护器。

**2. 漏电保护器工作参数**

漏电保护器工作参数有两个：额定漏电动作电流和额定漏电动作时间。

（1）额定漏电动作电流是在规定的条件下，使漏电保护器动作的电流值。例如 30mA的保护器，当通入电流值达到 30mA 时，保护器即动作断开电源。

第一级漏电保护器保护的线路长，漏电电流较大，其额定漏电动作电流也是最大的。第二级漏电保护器安装于分支线路处，被保护线路较短，漏电电量相对较小，漏电保护器的额定漏电动作电流一般取 30～75mA。第三级漏电保护器用于保护单个设备，是直接防止人身触电的保护设备，被保护线路短，设备的用电量小，漏电电流小，宜选用额定动作电流为 30mA。

（2）额定漏电动作时间：当出现故障漏电（包括人体触电）时在某一时间内跳闸断电，这个时间就是额定漏电动作时间。

各级漏电保护器的工作参数要匹配合理，具体参见表 11-1。

表 11-1 漏电保护器参数

| 保 护 级 别 | 额定漏电动作电流/mA | 额定漏电动作时间/s |
| --- | --- | --- |
| 第一级保护（总配箱） | 200 | 0.4 |
| 第二级保护（分配箱） | 75 | 0.2 |
| 第三级保护（开关箱） | 30 | 0.1 |

《施工现场临时用电安全技术规范》（JGJ 46—2005）从确保防止人体间接接触触电的角度出发，对设置于开关箱和总配电箱（配电柜）的漏电保护器漏电动作参数做出了如下规定（其中 $\triangle_I$ 为漏电保护器动作电流，$\triangle_T$ 为漏电保护器动作时间）。

① 总配电箱：$\triangle_I > 30mA$，$\triangle_T > 0.1s$，但 $\triangle_I \cdot \triangle_T \leqslant 30mA \cdot s$。

② 开关箱：一般场所 $\triangle_I \leqslant 30mA$，$\triangle_T \leqslant 0.1s$；潮湿与腐蚀介质场的漏电保护器应采用防溅型产品，$\triangle_I \leqslant 15mA$，$\triangle_T \leqslant 0.1s$。潜水泵、夯土机械、Ⅰ类或Ⅱ类（塑料外壳除外）手持电动工具、地下室等为潮湿与腐蚀介质场所。

## 11.4　施工用电安全措施

**1. 变压器与变配电室**

1) 位置的确定

变压器与变配电室设置位置应方便日常巡检和维护，不应设在易受施工干扰、地势低洼易积水的场所。

2) 设置要求

(1) 变配电室面积与高度应满足变配电装置的维护与操作所需的安全距离。

(2) 变配电室内应配置适用于电气火灾的灭火器材。

(3) 变配电室应设置应急照明。

(4) 变电室外醒目位置应标识维护运行机构、人员、联系方式等信息。

(5) 变电室应设置排水设施。

(6) 露天、半露天布置的变压器和配电室周围应设置不低于 1.7m 高的固定围栏或围墙，并应在明显位置悬挂警示标识。

(7) 变压器、箱式变电站或配电室外廓与围栏或围墙周围应留有不小于 1m 的巡视或检修通道。

**2. 配电线路防护**

1) 外电线路防护

在建工程（含脚手架）的外侧边缘与外电架空线的边缘之间必须保持安全距离，其水平最小安全操作距离见表 11-2。

表 11-2　在建工程（含脚手架）的外侧边缘与外电架空线的边缘之间水平最小安全距离

| 外电线路电压/kV | <1 | 1～10 | 35～110 | 220 | 330～500 |
|---|---|---|---|---|---|
| 最小安全操作距离/m | 4 | 6 | 8 | 10 | 15 |

注：①上、下脚手架的斜道严禁搭设在有外电线路的一侧。

②若现场场地条件达不到安全操作距离要求，必须设置防护措施（防护架体）。

③架空线路的下方不得施工，不得建造临时建筑设施，不得堆放构件、材料等。

施工现场的机动车道与外电架空线路交叉时，架空线路的最低点与路面的最小垂直距离应符合表 11-3 的规定。

表 11-3　施工现场的机动车道与架空线路交叉时的最小垂直距垂直

| 外电线路电压等级/kV | <1 | 1～10 | 35 | 50 |
|---|---|---|---|---|
| 最小垂直距离/m | 6.0 | 7.0 | 8.0 | 14.0 |

起重机严禁越过无防护设施的外电架空线路作业。在外电架空线路附近吊装时，起重机的任何部位或被吊物边缘在最大偏斜时与架空线路边线的最小安全距离应符合表 11-4 的规定。

表 11-4　起重机与架空线路边线的最小安全距离

| 电压/kV | <1 | 10 | 35 | 110 | 220 | 330 | 500 |
|---|---|---|---|---|---|---|---|
| 沿垂直方向安全距离/m | 1.5 | 3.0 | 4.0 | 5.0 | 6.0 | 7.0 | 8.5 |
| 沿水平方向安全距离/m | 1.5 | 2.0 | 3.5 | 4.0 | 6.0 | 7.0 | 8.5 |

施工现场开挖沟槽边缘与外电埋地电缆沟槽边缘之间的距离不得小于 0.5m。

2）室外架空电线路

（1）架空线必须采用绝缘导线或电缆线，必须架设在专用电杆上，严禁架设在树木、脚手架及其他设施上。混凝土杆不能有露筋、环向裂纹和扭曲；木杆不得腐朽，其梢径不应小于 130mm。

（2）架空线路的电杆间距不得大于 35m；线间距离不得小于 0.3m；四线横担长 1.5m，五线横担长 1.8m；施工现场架空线路与地面最大弧垂 4m。

（3）动力架空线路上的电线相序排列应符合下列要求：面向负荷，三相四线制线路相序排列为 $L_1$、N、$L_2$、$L_3$；三相五线制线路相序排列为 $L_1$、N、$L_2$、$L_3$、PE。

（4）动力、照明线在二层横担上分别架设时，导线相序排列是：上层横担面向负荷从左侧起依次为 $L_1$、$L_2$、$L_3$；下层横担面向负荷从左侧起依次为 $L_1$（$L_2$、$L_3$）、N、PE。

（5）架空线路的线间距不得小于 0.3m，靠近电杆的两导线的间距不得小于 0.5m。

3）室外电缆线路

（1）电缆中必须包含全部工作芯线和用作保护零线或保护线的芯线。需要三相四线制配电的电缆线路必须采用五芯电缆。五芯电缆必须包含淡蓝、绿/黄两种颜色绝缘芯线。淡蓝色芯线必须用作 N 线；绿/黄双色芯线必须用作 PE 线，严禁混用。

（2）电缆线路应采用埋地或架空敷设，严禁沿地面明设，并应避免机械损伤和介质腐蚀。直埋电缆应沿道路或建筑物边缘埋设，并宜沿直线敷设，直线段每隔 20m 处、转弯处和中间接头处应设电缆走向标识桩。

（3）电缆直接埋地敷设的深度不应小于 0.7m，并应在电缆紧邻上、下、左、右侧均匀敷设不小于 100mm 厚的细砂，然后覆盖砖或混凝土板等硬质保护层。直埋电缆回填土应分层夯实。

（4）埋地电缆在穿越建筑物、构筑物、道路、易受机械损伤、介质腐蚀场所及引出地面从 2.0m 高到地下 0.2m 处，必须加设防护套管，防护套管内径不应小于电缆外径的 1.5 倍。

（5）直埋电缆与外电线路电缆、其他管道、道路、建筑物等之间平行和交叉时的最小距离应符合表 11-5 的规定，当距离不能满足时，应采取穿管、隔离等防护措施。

表 11-5　电缆之间，电缆与管道、道路、建筑物之间平行和交叉时的最小距离　单位：m

| 电缆直埋敷设时的配置情况 | | 平行 | 交叉 |
|---|---|---|---|
| 施工现场电缆与外电线路电缆 | | 0.5 | 0.5 |
| 电缆与地下管沟 | 热力管沟 | 2.0 | 0.5 |
| | 油管或易（可）燃气管道 | 1.0 | 0.5 |
| | 其他管道 | 0.5 | 0.5 |

续表

| 电缆直埋敷设时的配置情况 | 平行 | 交叉 |
|---|---|---|
| 电缆与建筑物基础 | 躲开散水宽度 | — |
| 电缆与道路边、树木主干、1kV 以下架空线电杆 | 1.0 | — |
| 电缆与 1kV 以上架空线杆塔基础 | 4.0 | — |

（6）架空电缆应沿电杆、支架或墙壁敷设，严禁沿脚手架、树木或其他设施敷设，并采用绝缘子固定，绑扎线必须采用绝缘线。

4）室内线路

室内配线应根据配线类型采用瓷瓶、瓷（塑料）夹、嵌绝缘槽、穿管或钢索敷设。潮湿场所或埋地非电缆配线必须穿管敷设，管口和管接头应密封，当采用金属管敷设时，金属管必须做等电位连接，且必须与 PE 线相连接。

在建工程内的电缆线必须采用电缆埋地引入，严禁穿越脚手架引入。电缆垂直敷设应充分利用在建工程的竖井、垂直孔洞等，并宜靠近用电负荷中心，固定点每楼层不得少于一处。电缆水平敷设宜沿墙或门口刚性固定，最大弧垂距地不得小于 2.0m。

**3. 配电箱与开关箱**

（1）总配电箱以下可设若干分配电箱；分配电箱以下可设若干末级配电箱。分配电箱以下可根据需要，再设分配电箱。总配电箱应设在靠近电源的区域，分配电箱应设在用电设备或负荷相对集中的区域。分配电箱与开关箱的距离不宜超过 30m，开关箱与其控制固定设备的水平距离不超过 3m。

（2）动力配电箱与照明配电箱宜分别设置，当合并设置为同一配电箱时，动力和照明应分路供电；动力末级配电箱与照明末级配电箱应分别设置。

（3）配电箱、开关箱内各种电器元件按规定配置齐全、完好、有效，不应使用破损及不合格的电器。

（4）配电箱、开关箱应采用铁板或其他优质绝缘材料制作，铁板厚度应不小于 1.5mm。

（5）配电箱内有 2 个及 2 个以上的回路时，应做标记，否则极易发生误操作，尤其是现场的操作人员记不住本供电开关，可能发生意外触电伤害事故。箱体应有门、锁及防雨措施。

（6）固定式配电箱的中心与地面的垂直距离宜为 1.4～1.6m，安装应平整、牢固，户外落地安装的配电箱、柜，其底部离地面不应小于 0.2m。移动式配电箱、开关箱应装设在坚固、稳定的支架上，其中心点与地面的垂直距离宜为 0.8～1.6m。

（7）配电箱、开关箱周围应有足够 2 人同时工作的空间和通道，不得堆放任何妨碍操作、维修的物品，不得有灌木、杂草。

（8）配电箱内断路器相间绝缘隔板应配置齐全；防电击护板应阻燃且安装牢固。

（9）配电箱内连接线绝缘层的标识色应符合下列规定：相导线 $L_1$、$L_2$、$L_3$ 应依次为黄色、绿色、红色；工作零线应为淡蓝色；保护零线（PE）应为绿/黄双色。上述标识色不应混用。

（10）配电箱内的导线与电器元件的连接应牢固、可靠。导线端子规格与芯线截面适配，接线端子应完整，不应减小截面积。

（11）配电箱的金属箱体、金属电器安装板以及电器正常不带电的金属底座、外壳等应通过保护零线(PE)汇流排可靠接地。金属箱门与金属箱体间的跨接接地线应可靠接地。

(12) 配电箱电缆的进线口和出线口应设在箱体的底面,严禁设在箱体顶面、侧面、后面或箱门处。

(13) 移动式配电箱的进线和出线应采用橡套软电缆。配电箱的进线和出线不应承受外力,与金属尖锐断口接触时应有保护措施。

(14) 开关箱应做到"一机一闸一漏一箱",禁止多台机械设备合用一个开关箱。

**4. 现场照明**

1) 照明形式与种类

(1) 照明形式

需要夜间施工、无自然采光或自然采光差的场所,办公、生活、生产辅助设施,道路等应设置一般照明。同一工作场所内的不同区域有不同照度要求时,应分区采用一般照明或混合照明,不应只采用局部照明。

(2) 照明种类

工作场所均应设置正常照明。在坑井、沟道、沉箱内及高层构筑物内的走道、拐弯处、安全出入口、楼梯间、操作区域等部位,应设置应急照明。

2) 照明灯具

照明灯具的选择应符合下列规定。

(1) 照明灯具应根据施工现场环境条件设计并应选用防水型、防尘型、防爆型灯具。

(2) 行灯应采用Ⅲ类灯具,采用安全特低电压系统,其额定电压值不应超过24V。

(3) 行灯灯体及手柄绝缘应良好、坚固、耐热、耐潮湿,灯头与灯体应结合紧固,灯泡外部应有金属保护网、反光罩及悬吊挂钩,挂钩应固定在灯具的绝缘手柄上。

(4) 严禁利用额定电压220V的临时照明灯具作为行灯使用。

3) 安全电压

我国的安全电压额定值的等级为42V、36V、24V、12V、6V 五个等级,当电气设备采用超过24V的安全电压时,必须采取防直接接触带电体的保护措施。

(1) 下列特殊场所的安全特低电压系统照明电源电压不应大于24V:金属结构构架场所;隧道、人防等地下空间;有导电粉尘、腐蚀介质、蒸汽及高温炎热的场所。

(2) 下列特殊场所的特低电压系统照明电源电压不应大于12V:相对湿度长期处于95%以上的潮湿场所;导电良好的地面、狭窄的导电场所;金属容器内。

(3) 下列场所的电源电压不应大于36V:室外灯具距地面低于3m,室内灯具距地面低于2.5m时;使用行灯等手持照明灯具;隧道、人防工程。

4) 灯具接零保护

施工现场照明装置经常出现触电事故,照明回路必须装设漏电保护器,作为单独保护系统。灯具金属外壳接零,设置保护零线,在灯具漏电时可以避免危险。

5) 开关、插座

(1) 开关距地面高度一般为1.2～1.4m,距门框距离为150～200mm。

(2) 多尘、潮湿、易燃易爆场所,开关应分别采用防潮型和防爆型。

(3) 插座距地面高度一般是:明装不低于1.8m,暗装和工业用插座不低于300mm。

(4) 不同电压的插座应有明显的区别,不得混用。

**5. 用电安全管理**

1）作业人员管理

现场作业电工必须按国家现行标准考核合格后，持证上岗工作；其他用电人员必须通过相关安全教育培训和技术交底，考核合格后方可上岗工作。

安装、巡检、维修或拆除临时用电设备和线路，必须由电工完成，并应有人监护。电工等级应同工程的难易程度和技术复杂性相适应。

2）施工用电组织设计（用电方案）

施工现场临时用电设备在五台及以上或设备总容量在 50kW 及以上者，应由电气工程技术人员组织编制用电组织设计，且必须履行"编制—审核—审批"程序。

施工用电组织设计（方案）包括以下内容：工程现场情况、施工用电负荷、配电室（总配电箱）设计、配电线路（含保护系统）设计、配电箱与开关箱、接地与接地装置、防雷设计、安全用电技术措施和电气防火措施、相关电气施工图和场地布置图。

3）配电室（总配电间）管理

（1）配电室的建筑耐火等级不应低于三级，配电室应配置适用于电气火灾的灭火器材。

（2）配电室应采取防止风雨和小动物侵入的措施。

（3）配电室应设置警示标志、工地供电平面图和系统图。

4）配电箱与开关箱安全管理

（1）配电箱、开关箱箱门应配锁，并应由专人负责。

（2）配电箱、开关箱应定期检查、维修。检查、维修人员必须是专业电工。

（3）检查、维修时必须按规定穿、戴绝缘鞋和手套，必须使用电工绝缘工具，并应做检查、维修工作记录。

（4）配电箱、开关箱周围应有足够 2 人同时工作的空间和通道，不得堆放任何妨碍操作、维修的物品，不得有灌木、杂草。

（5）配电箱应按下列顺序操作。送电操作的顺序为：总配电箱—分配电箱—末级配电箱；停电操作的顺序为：末级配电箱—分配电箱—总配电箱。

（6）对配电箱、开关箱定期维修、检查时，必须将前一级相应的电源隔离开关分闸断电，并悬挂标注"禁止合闸、有人工作"的停电标志牌。

（7）施工现场停止作业 1 小时以上时，应将动力开关箱断电上锁。

（8）漏电电流保护器应用专用仪器检测其特性，且每月不应少于 1 次，发现问题应及时修理或更换。漏电电流保护器每天使用前应启动试验按钮试跳一次，试跳不正常时不得继续使用。

# 11.5　施工用电安全检查

依据《建筑施工安全检查标准》（JGJ 59—2011）的规定，施工用电安全检查有如下要求。

**1. 施工用电安全检查评定项目**

保证项目包括外电防护、接地与接零保护系统、配电线路、配电箱与开关箱。

一般项目包括配电室与配电装置、现场照明、用电档案。

**2. 保证项目的检查评定应符合的规定**

1) 外电防护

(1) 外电线路与在建工程及脚手架、起重机械、场内机动车道的安全距离应符合规范要求。

(2) 当安全距离不符合规范要求时,必须采取绝缘隔离防护措施,并应悬挂明显的警示标志。

(3) 防护设施与外电线路的安全距离应符合规范要求,并应坚固、稳定。

(4) 外电架空线路正下方不得进行施工、建造临时设施或堆放材料物品。

2) 接地与接零保护系统

(1) 施工现场专用的电源中性点直接接地的低压配电系统应采用 TN-S 接零保护系统。

(2) 施工现场配电系统不得同时采用两种保护系统。

(3) 保护零线应由工作接地线、总配电箱电源侧零线或总漏电保护器电源零线处引出,电气设备的金属外壳必须与保护零线连接。

(4) 保护零线应单独敷设,线路上严禁装设开关或熔断器,严禁通过工作电流。

(5) 保护零线应采用绝缘导线,规格和颜色标记应符合规范要求。

(6) TN 系统的保护零线应在总配电箱处、配电系统的中间处和末端处做重复接地。

(7) 接地装置的接地线应采用 2 根及以上导体,在不同点与接地体做电气连接。接地体应采用角钢、钢管或光面圆钢。

(8) 工作接地电阻不得大于 $4\Omega$,重复接地电阻不得大于 $10\Omega$。

(9) 施工现场起重机、物料提升机、施工升降机、脚手架应按规范要求采取防雷措施,防雷装置的冲击接地电阻值不得大于 $30\Omega$。

(10) 做防雷接地机械上的电气设备,保护零线必须同时做重复接地。

3) 配电线路

(1) 线路及接头应保证机械强度和绝缘强度。

(2) 线路应设短路、过载保护,导线截面应满足线路负荷电流。

(3) 线路的设施、材料及相序排列、档距、与邻近线路或固定物的距离应符合规范要求。

(4) 电缆应采用架空或埋地敷设并应符合规范要求,严禁沿地面明设或沿脚手架、树木等敷设。

(5) 电缆中必须包含全部工作芯线和用作保护零线的芯线,并应按规定接用。

(6) 室内非埋地明敷主干线距地面高度不得小于 2.5m。

4) 配电箱与开关箱

(1) 施工现场配电系统应采用三级配电、二级漏电保护系统,用电设备必须有各自专用的开关箱。

(2) 箱体结构、箱内电器设置及使用应符合规范要求。

(3) 配电箱必须分设工作零线端子板和保护零线端子板,保护零线、工作零线必须通过各自的端子板连接。

(4) 总配电箱与开关箱应安装漏电保护器,漏电保护器参数应匹配并灵敏可靠。

(5) 箱体应设置系统接线图和分路标记,并应有门、锁及防雨措施。

（6）箱体安装位置、高度及周边通道应符合规范要求。

（7）分配箱与开关箱间的距离不应超过30m,开关箱与用电设备间的距离不应超过3m。

**3. 一般项目的检查评定应符合的规定**

1）配电室与配电装置

（1）配电室的建筑耐火等级不应低于三级,配电室应配置适用于电气火灾的灭火器材。

（2）配电室、配电装置的布设应符合规范要求。

（3）配电装置中的仪表、电器元件设置应符合规范要求。

（4）备用发电机组应与外电线路进行联锁。

（5）配电室应采取防止风雨和小动物侵入的措施。

（6）配电室应设置警示标志、工地供电平面图和系统图。

2）现场照明

（1）照明用电应与动力用电分设。

（2）特殊场所和手持照明灯应采用安全电压供电。

（3）照明变压器应采用双绕组安全隔离变压器。

（4）灯具金属外壳应接保护零线。

（5）灯具与地面、易燃物间的距离应符合规范要求。

（6）照明线路和安全电压线路的架设应符合规范要求。

（7）施工现场应按规范要求配备应急照明。

3）用电档案

（1）总包单位与分包单位应签订临时用电管理协议,明确各方相关责任。

（2）施工现场应制订专项用电施工组织设计、外电防护专项方案。

（3）专项用电施工组织设计、外电防护专项方案应履行审批程序,实施后应由相关部门组织验收。

（4）用电各项记录应按规定填写,记录应真实有效。

（5）用电档案资料应齐全,并应设专人管理。

**4. 施工用电检查评分表**

施工用电安全检查是施工用电的安全控制措施,通过施工用电检查评分表（表11-6）,对评定项目进行安全检查,及时发现不符合规定的或不安全因素,采取有效的防范措施,确保施工用电安全。

表11-6　施工用电检查评分表

| 序号 | 检查项目 | | 扣 分 标 准 | 应得分数 | 扣减分数 | 实得分数 |
|---|---|---|---|---|---|---|
| 1 | 保证项目 | 外电防护 | 外电线路与在建工程(含脚手架)、高大施工设备、场内机动车道之间小于安全距离且未采取防护措施扣10分;<br>防护设施和绝缘隔离措施不符合规范扣5~10分;<br>在外电架空线路正下方施工、建造临时设施或堆放材料物品扣10分 | 10 | | |

续表

| 序号 | 检查项目 | | 扣分标准 | 应得分数 | 扣减分数 | 实得分数 |
|---|---|---|---|---|---|---|
| 2 | 保证项目 | 接地与接零保护系统 | 施工现场专用变压器配电系统未采用 TN-S 接零保护方式扣 20 分；<br>配电系统未采用同一保护方式扣 10～20 分；<br>保护零线引出位置不符合规范扣 10～20 分；<br>保护零线装设开关、熔断器或与工作零线混接扣 10～20 分；<br>保护零线材质、规格及颜色标记不符合规范每处扣 3 分；<br>电气设备未接保护零线每处扣 3 分；<br>工作接地与重复接地的设置和安装不符合规范扣 10～20 分；<br>工作接地电阻大于 4Ω，重复接地电阻大于 10Ω 扣 10～20 分；<br>施工现场防雷措施不符合规范扣 5～10 分 | 20 | | |
| 3 | | 配电线路 | 线路老化破损，接头处理不当扣 10 分；<br>线路未设短路、过载保护扣 5～10 分；<br>线路截面不能满足负荷电流每处扣 2 分；<br>线路架设或埋设不符合规范扣 5～10 分；<br>电缆沿地面明敷扣 10 分；<br>使用四芯电缆外加一根线替代五芯电缆扣 10 分；<br>电杆、横担、支架不符合要求每处扣 2 分 | 10 | | |
| 4 | | 配电箱与开关箱 | 配电系统未按"三级配电、二级漏电保护"设置扣 10～20 分；<br>用电设备违反"一机、一闸、一漏、一箱"每处扣 5 分；<br>配电箱与开关箱结构设计、电器设置不符合规范扣 10～20 分；<br>总配电箱与开关箱未安装漏电保护器每处扣 5 分；<br>漏电保护器参数不匹配或失灵每处扣 3 分；<br>配电箱与开关箱内闸具损坏每处扣 3 分；<br>配电箱与开关箱进线和出线混乱每处扣 3 分；<br>配电箱与开关箱内未绘制系统接线图和分路标记每处扣 3 分；<br>配电箱与开关箱未设门锁、未采取防雨措施每处扣 3 分；<br>配电箱与开关箱安装位置不当、周围杂物多等不便操作每处扣 3 分；<br>分配电箱与开关箱的距离、开关箱与用电设备的距离不符合规范每处扣 3 分 | 20 | | |
| | | 小　计 | | 60 | | |
| 5 | 一般项目 | 配电室与配电装置 | 配电室建筑耐火等级低于 3 级扣 15 分；<br>配电室未配备合格的消防器材扣 3～5 分；<br>配电室、配电装置布设不符合规范扣 5～10 分；<br>配电装置中的仪表、电器元件设置不符合规范或损坏、失效 5～10 分；<br>备用发电机组未与外电线路进行连锁扣 15 分；<br>配电室未采取防雨雪和小动物侵入的措施扣 10 分；<br>配电室未设警示标志、工地供电平面图和系统图扣 3～5 分 | 15 | | |

续表

| 序号 | 检查项目 | | 扣 分 标 准 | 应得分数 | 扣减分数 | 实得分数 |
|---|---|---|---|---|---|---|
| 6 | 一般项目 | 现场照明 | 照明用电与动力用电混用每处扣3分；<br>特殊场所未使用36V及以下安全电压扣15分；<br>手持照明灯未使用36V以下电源供电扣10分；<br>照明变压器未使用双绕组安全隔离变压器扣15分；<br>照明专用回路未安装漏电保护器每处扣3分；<br>灯具金属外壳未接保护零线每处扣3分；<br>灯具与地面、易燃物之间小于安全距离每处扣3分；<br>照明线路接线混乱和安全电压线路接头处未使用绝缘布包扎扣10分 | 15 | | |
| 7 | | 用电档案 | 未制定专项用电施工组织设计或设计缺乏针对性扣5~10分；<br>专项用电施工组织设计未履行审批程序，实施后未组织验收扣5~10分；<br>接地电阻、绝缘电阻和漏电保护器检测记录未填写或填写不真实扣3分；<br>安全技术交底、设备设施验收记录未填写或填写不真实扣3分；<br>定期巡视检查、隐患整改记录未填写或填写不真实扣3分；<br>档案资料不齐全、未设专人管理扣5分 | 10 | | |
| | 小　　计 | | | 40 | | |
| | 检查项目合计 | | | 100 | | |

【任务思考】

## 任务工作单

（1）施工现场三级配电系统是什么？

（2）施工现场 TN-S 接零保护系统是什么？

（3）施工现场临时用电组织设计的主要内容有哪些？

（4）施工用电安全措施有哪些？

（5）施工用电检查评分表中的检查项目有哪些？

（6）如何做好施工用电安全标准化？

**任务练习**

**1. 单项选择题**

(1) 下列配电系统中,不属于三级配电的是(　　)。

　　A. 总配电箱　　　　B. 分配电箱　　　　C. 开关箱　　　　D. 控制按钮

(2) 开关箱与用电设备的水平距离不宜超过(　　)m。

　　A. 3　　　　　　　B. 4　　　　　　　C. 5　　　　　　　D. 6

(3) 三级配电系统中,开关箱和分配电箱之间的距离小于或等于(　　)m。

　　A. 10　　　　　　B. 30　　　　　　C. 20　　　　　　D. 25

(4) 电气设备保护零线与工作零线分开设置的系统称为(　　)系统。

　　A. TT　　　　　　B. TN-C　　　　　C. TN　　　　　　D. TN-S

(5) 施工现场用电系统中,N 线的绝缘色应是(　　)。

　　A. 黑色　　　　　B. 白色　　　　　C. 淡蓝色　　　　D. 棕色

(6) 施工现场用电工程中,PE 线上每处重复接地的接地电阻值不应大于(　　)Ω。

　　A. 4　　　　　　　B. 10　　　　　　C. 15　　　　　　D. 30

(7) 施工现场临时用电线路的专用保护零线应采用(　　)线。

　　A. 红线　　　　　B. 黑线　　　　　C. 绿/黄双色　　　D. 黄色

(8) 施工现场用电工程中,PE 线的重复接地点不应少于(　　)。

　　A. 一处　　　　　B. 两处　　　　　C. 三处　　　　　D. 四处

(9) 间接接触触电的主要保护措施是在配电装置中设置(　　)。

　　A. 隔离开关　　　　　　　　　　B. 漏电保护器

　　C. 断路器　　　　　　　　　　　D. 熔断器

(10) 潮湿场所开关箱中的漏电保护器,其额定漏电动作时间为(　　)s。

　　A. 0.1　　　　　B. 0.01　　　　　C. 0.15　　　　　D. 0.2

(11) 一般场所开关箱中漏电保护器,其额定漏电动作电流为(　　)mA。

　　A. 10　　　　　　B. 20　　　　　　C. 30　　　　　　D. 40

(12) 潮湿场所开关箱中的漏电保护器,其额定漏电动作电流为(　　)mA。

　　A. 15　　　　　　B. 20　　　　　　C. 30　　　　　　D. 40

(13) 二级漏电保护系统是指在施工现场基本供配电系统的(　　)和(　　)首、末二级配电装置中,设置漏电保护器。

　　　　A. 总配电箱　分配电箱　　　　B. 总配电箱　开关箱

　　　　C. 分配电箱　开关箱　　　　　D. 总配电箱　控制按钮

(14) 按照《建筑施工安全检查标准》(JGJ 59—2011)的规定,临时用电设备在(　　)和设备总容量在(　　),应制定安全用电技术措施及电气防火措施。

　　　　A. 5 台以上　50kW 以上　　　　B. 3 台以上　30kW 以上

　　　　C. 3 台以下　30kW 以下　　　　D. 5 台以下　50kW 以下

(15) 下列选项中不属于潮湿与腐蚀介质场所的是(　　)。

　　　　A. Ⅰ类手持电动工具　　　　　B. 地下室

　　　　C. Ⅲ类手持电动工具　　　　　D. 潜水泵

**2. 编制施工用电安全技术交底方案**

根据提供的实际工程案例编制施工用电安全技术交底方案(表 11-7)。

表 11-7 安全技术交底

施工单位:

| 工程名称 | | 施工部位(层次) | |
|---|---|---|---|
| 交底提要 | 施工用电安全技术交底 | 交底日期 | |
| 交底内容:<br>(1)施工作业条件<br><br><br>(2)操作工艺流程<br><br><br>(3)施工操作要点与要求<br><br><br>(4)施工安全技术措施<br><br><br>(5)安全检查与评定<br><br><br> | | | |
| 交底人 | | 接收人签字 | |
| 项目负责人 | | | |
| 执行情况 | | 安全员: 年 月 日 | |

注:交底一式三份,交底人、接收人、安全员各一份。

# 模块 3

# 建筑施工安全事故分析及预防

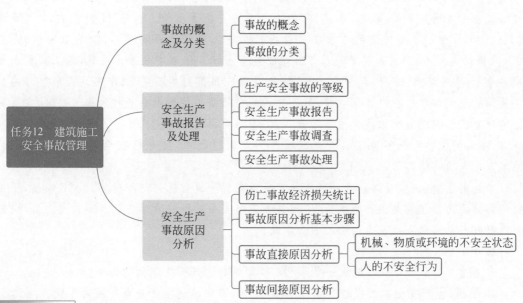

## 知识目标

1. 掌握事故的概念及分类。
2. 熟悉安全生产事故报告及处理。
3. 掌握安全生产事故原因分析。

## 能力目标

1. 确定生产安全事故的类别和等级。
2. 能报告安全生产事故。
3. 能进行安全生产事故原因分析。

## 素质目标

1. 树立"安全第一、预防为主"的职业情感。
2. 树立敬畏生命的理念,培养责任意识,以及实事求是的职业精神。

## 相关知识链接

1. 事故的概念及分类。
2. 安全生产事故报告及处理。
3. 安全生产事故原因分析。

建筑施工安全
事故管理视频

## 职业素养养成

结合施工现场安全事故视频和生产安全事故案例，强调安全事故管理的重要性，教育学生树立"安全第一、预防为主"的职业情感，树立敬畏生命的理念，培养责任意识，以及实事求是的职业精神。

## 情境创设

某广场 A 栋北楼，地下 1 层地上 18 层，框架剪力墙结构，前期手续齐全。7 月 30 日，砌筑工班长王某通知徐某、杨某、李某、陈某 4 人加班安装落水管。当晚 21 时左右，4 人开始作业，让无特种作业上岗证的人朱某开卷扬机。施工现场无照明设备，徐某取来碘钨灯，4 人从楼道走到 17 层进入提升机吊篮开始安装落水管。作业中未固定吊篮，施工人员未佩戴安全带，当安装到 12 层、距地面 32m 高时，徐某在吊篮内举照明灯，李某站在吊篮与采光井装饰梁之间的架板上安装落水管，另外 2 人站在吊篮里往墙上钻孔打木楔。这时，在吊篮上的徐某喊卷扬机司机朱某将吊篮吊升一点，卷扬机司机朱某提升了一点吊篮，徐某又喊再升点，在卷扬机司机朱某再次启动电机提升吊篮的过程中，提升机钢丝绳突然发生断裂，徐某等 4 人随吊篮坠落，3 人死亡，2 人重伤。

事故发生后，该项目副经理孙某安排工人连夜拆除提升机并清理现场。次日凌晨，项目经理向分公司经理周某报告事故情况，周某听完报告后赴医院看望伤员。事故发生后，该分公司有关人员未向上级及有关部门报告事故。

思考：

1. 根据《企业职工伤亡事故分类标准》，确定该起生产安全事故的类别。
2. 根据《生产安全事故报告和调查处理条例》，确定该起生产安全事故的等级。
3. 根据该事故案例，分析导致该起生产安全事故发生的原因（包括直接原因和间接原因）。

# 12.1 事故的概念及分类

## 12.1.1 事故的概念

### 1. 事故

事故是指造成人员死亡、伤害、职业病、财产损失或其他损失的意外事件。对事故的理解如下。

（1）事故是人（个人或集体）在实现某种意图而进行的活动过程中，突然发生的、违反人的意志的、迫使活动暂时或永久停止的事件。

（2）事故是突然发生的、让人出乎意料的意外事件。

（3）事故的后果是违背人的意志的。

### 2. 安全与事故的关系

安全是相对的，它是实现家庭和谐幸福和人生追求的基本保障，是企业生存发展的基本条件,代表一个人的品位和企业的品质。

事故是绝对的,旨在表明任何一起生产过程中的事故都是必然事件,均存在因果规律,只是我们轻视或忽视了它的存在。安全是遵守"道"的结果,事故是违背"道"的结果。

**3. 事故要素**

事故要素包括人的不安全行为、物的不安全状态、企业管理的缺陷、环境的不安全条件。

(1) 人的不安全行为:不佩戴防护用品、不按规章操作等。

(2) 物的不安全状态:作业工具有缺陷、设备带故障运行等。

(3) 企业管理的缺陷:无制度、无措施等。

(4) 环境的不安全条件:照度不足、作业场所狭窄、恶劣天气等。

事故是诸多不安全因素耦合的结果。事故隐患不整改,量变到质变,事故就发生了,如图 12-1 和图 12-2 所示。最重要的不是事故具体有多严重,而是怎样预防。

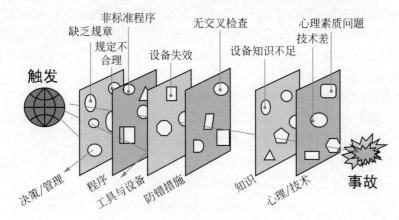

图 12-1　事故发生过程

图 12-2　事故漫画

## 12.1.2　事故的分类

生产安全事故按照《企业职工伤亡事故分类标准》(GB 6441—1986)进行分类,分为 20 种,其中与建筑施工相关的有以下 13 种。

(1) 物体打击,是指物体在重力或其他外力的作用下产生运动,打击人体造成人身伤亡事故,不包括因机械设备、车辆、起重机械、坍塌等引发的物体打击。

（2）车辆伤害,是指企业机动车辆在行驶中引起的人体坠落和物体倒塌、下落、挤压伤亡事故,不包括起重设备提升、牵引车辆和车辆停驶时发生的事故。

（3）机械伤害,是指机械设备运动（静止）部件、工具、加工件直接与人体接触引起的夹击、碰撞、剪切、卷入、绞、碾、割、刺等伤害,不包括车辆、起重机械引起的机械伤害。

（4）起重伤害,是指各种起重作业（包括起重机安装、检修、试验）中发生的挤压、坠落、（吊具、吊重）物体打击和触电。

（5）触电,由电流经过人体导致的生理伤害,包括雷击伤亡事故。

（6）灼烫,是指火焰烧伤、高温物体烫伤、化学灼伤（酸、碱、盐、有机物引起的体内外灼伤）、物理灼伤（光、放射性物质引起的体内外灼伤）,不包括电灼伤和火灾引起的烧伤。

（7）火灾,是指在火灾时造成的人体烧伤、窒息、中毒等。

（8）高处坠落,是指在高处作业中发生坠落造成的伤亡事故,不包括触电坠落事故。

（9）坍塌,是指物体在外力或重力作用下,超过自身的强度极限或因结构稳定性破坏而造成的事故,如挖沟时的土石塌方、脚手架坍塌、堆置物倒塌等,不适用于矿山冒顶片帮和车辆、起重机械、爆破引起的坍塌。

（10）放炮,是指爆破作业中发生的伤亡事故。

（11）火药爆炸,是指火药、炸药及其制品在生产、加工、运输、储存中发生的爆炸事故。

（12）中毒和窒息,是指煤气、油气、沥青、化学、一氧化碳中毒等。

（13）其他伤害,包括扭伤、跌伤、冻伤等。

常见建筑施工安全事故类型及其常见形式如表 12-1 所示。

表 12-1　常见建筑施工安全事故类型

| 序次 | 事故类型 | 常见形式 |
|---|---|---|
| 1 | 物体打击 | 空中落物、崩块和滚动物体的砸伤 |
| 2 | | 触及固定或运动中的硬物、反弹物的碰伤、撞伤 |
| 3 | | 器具、硬物的击伤 |
| 4 | | 碎屑、破片的飞溅伤害 |
| 5 | 高处坠落 | 从脚手架或垂直运输设施坠落 |
| 6 | | 从洞口、楼梯口、电梯口、天井口和坑口坠落 |
| 7 | | 从楼面、屋顶、高台边缘坠落 |
| 8 | | 从施工安装中的工程结构上坠落 |
| 9 | | 从机械设备上坠落 |
| 10 | | 其他因滑跌、踩空、拖带、碰撞、翘翻、失衡等引起的坠落 |
| 11 | 机械伤害 | 机械转动部分的绞入、碾压和拖带伤害 |
| 12 | | 机械工作部分的钻、刨、削、锯、击、撞、挤、砸、轧等的伤害 |
| 13 | | 滑入、误入机械容器和运转部分的伤害 |
| 14 | | 机械部件的飞出伤害 |
| 15 | | 机械失稳和倾翻事故的伤害 |
| 16 | | 其他因机械安全保护设施欠缺、失灵和违章操作所引起的伤害 |

续表

| 序次 | 事故类型 | 常 见 形 式 |
|---|---|---|
| 17 | 起重伤害 | 起重机械设备的折臂、断绳、失稳、倾翻事故的伤害 |
| 18 | | 吊物失衡、脱钩、倾翻、变形和折断事故的伤害 |
| 19 | | 操作失控、违章操作和载人事故的伤害 |
| 20 | | 加固、翻身、支承、临时固定等措施不当事故的伤害 |
| 21 | | 其他起重作业中出现的砸、碰、撞、挤、压、拖作用伤害 |
| 22 | 触电 | 起重机械臂杆或其他导电物体搭碰高压线事故伤害 |
| 23 | | 带电电线(缆)断头、破口的触电伤害 |
| 24 | | 挖掘作业损坏埋地电缆的触电伤害 |
| 25 | | 电动设备漏电伤害 |
| 26 | | 雷击伤害 |
| 27 | | 拖带电线机具电线绞断、破皮伤害 |
| 28 | | 电闸箱、控制箱漏电和误触伤害 |
| 29 | | 强力自然因素致断电线伤害 |
| 30 | 坍塌 | 沟壁、坑壁、边坡、洞室等的土石方坍塌 |
| 31 | | 因基础掏空、沉降、滑移或地基不牢等引起其上墙体和建(构)筑物的坍塌 |
| 32 | | 施工中的建(构)筑物的坍塌 |
| 33 | | 施工临时设施的坍塌 |
| 34 | | 堆置物的坍塌 |
| 35 | | 脚手架、井架、支撑架的倾倒和坍塌 |
| 36 | | 强力自然因素引起的坍塌 |
| 37 | | 支承物不牢引起其上物体的坍塌 |
| 38 | 火灾 | 电器和电线着火引起的火灾 |
| 39 | | 违章用火和乱扔烟头引起的火灾 |
| 40 | | 电、气焊作业时引燃易燃物 |
| 41 | | 爆炸引起的火灾 |
| 42 | | 雷击引起的火灾 |
| 43 | | 自然和其他因素引起的火灾 |
| 44 | 爆炸 | 工程爆破措施不当引起的爆破伤害 |
| 45 | | 雷管、火药和其他易燃爆炸物资保管不当引起的爆炸事故 |
| 46 | | 施工中电火花和其他明火引燃易燃物 |
| 47 | | 瞎炮处理中的伤害事故 |
| 48 | | 在生产中的工厂施工中出现的爆炸事故 |
| 49 | | 高压作业中的爆炸事故 |
| 50 | | 乙炔罐回火爆炸伤害 |

续表

| 序次 | 事故类型 | 常见形式 |
|---|---|---|
| 51 | 中毒和窒息 | 一氧化碳中毒、窒息 |
| 52 | | 亚硝酸钠中毒 |
| 53 | | 沥青中毒 |
| 54 | | 空气不流通场所施工中毒窒息 |
| 55 | | 炎夏和高温场所作业中暑 |
| 56 | | 其他化学品中毒 |
| 57 | 其他伤害 | 钉子扎脚和其他扎伤、刺伤 |
| 58 | | 拉伤、扭伤、跌伤、碰伤 |
| 59 | | 烫伤、灼伤、冻伤、干裂伤害 |
| 60 | | 溺水和涉水作业伤害 |
| 61 | | 高压（水、气）作业伤害 |
| 62 | | 从事身体机能不适宜作业的伤害 |
| 63 | | 在恶劣环境下从事不适宜作业的伤害 |
| 64 | | 疲劳作业和其他自持力变弱情况下进行作业的伤害 |
| 65 | | 其他意外事故伤害 |

建筑施工在高处坠落、物体打击、机械伤害、坍塌及触电这五个方面发生的事故占建筑行业全部事故的 90% 以上，是建筑施工行业的多发性事故，被称为建筑施工"五大伤害"。高处坠落事故，由于其发生频率高、死亡率大，多年来一直居建筑施工现场"五大伤害"事故之首。

建筑施工"五大伤害"中的任意一种伤害形式都是致命的，因此所有在建筑施工一线忙碌的建设者，必须把确保自身安全放在首位，严格遵守操作规程，抓牢抓实班前教育培训，将安全生产践行到实处，做到高高兴兴上班，平平安安回家。

# 12.2　安全生产事故报告及处理

## 12.2.1　生产安全事故的等级

《生产安全事故报告和调查处理条例》（国务院令第 493 号，2007 年 6 月 1 日起施行）第三条：根据生产安全事故造成的人员伤亡或者直接经济损失，事故一般分为以下等级。

（1）特别重大事故，是指造成 30 人以上死亡，或者 100 人以上重伤（包括急性工业中毒，下同），或者 1 亿元以上直接经济损失的事故。

（2）重大事故，是指造成 10 人以上 30 人以下死亡，或者 50 人以上 100 人以下重伤，或者 5000 万元以上 1 亿元以下直接经济损失的事故。

（3）较大事故，是指造成 3 人以上 10 人以下死亡，或者 10 人以上 50 人以下重伤，或者 1000 万元以上 5000 万元以下直接经济损失的事故。

（4）一般事故，是指造成 3 人以下死亡，或者 10 人以下重伤，或者 1000 万元以下直接经济损失的事故。

注：所称的"以上"包括本数，"以下"不包括本数。

生产安全事故的等级如表 12-2 所示。

表 12-2　生产安全事故的等级

| 事故等级 | 死亡/人 | 重伤/人 | 直接经济损失/元 |
| --- | --- | --- | --- |
| 特别重大事故 | 30 以上 | 100 以上 | 1 亿以上 |
| 重大事故 | 10～30 | 50～100 | 5000 万～1 亿 |
| 较大事故 | 3～10 | 10～50 | 1000 万～5000 万 |
| 一般事故 | 3 以下 | 10 以下 | 1000 万以下 |

## 12.2.2　安全生产事故报告

**1. 事故报告的流程**

《生产安全事故报告和调查处理条例》（国务院令第 493 号）第九条：事故发生后，事故现场有关人员应当立即向本单位负责人报告；单位负责人接到报告后，应当于 1 小时内向事故发生地县级以上人民政府安全生产监督管理部门和负有安全生产监督管理职责的有关部门报告。

情况紧急时，事故现场有关人员可以直接向事故发生地县级以上人民政府安全生产监督管理部门和负有安全生产监督管理职责的有关部门报告。

《生产安全事故报告和调查处理条例》（国务院令第 493 号）第十一条：安全生产监督管理部门和负有安全生产监督管理职责的有关部门逐级上报事故情况，每级上报的时间不得超过 2 小时。

事故报告的流程如图 12-3 所示。

《生产安全事故报告和调查处理条例》（国务院令第 493 号）第十条：安全生产监督管理部门和负有安全生产监督管理职责的有关部门接到事故报告后，应当依照下列规定上报事故情况，并通知公安机关、劳动保障行政部门、工会和人民检察院。

（1）特别重大事故、重大事故逐级上报至国务院安全生产监督管理部门和负有安全生产监督管理职责的有关部门。

（2）较大事故逐级上报至省、自治区、直辖市人民政府安全生产监督管理部门和负有安全生产监督管理职责的有关部门。

（3）一般事故上报至设区的市级人民政府安全生产监督管理部门和负有安全生产监督管理职责的有关部门。

安全生产监督管理部门和负有安全生产监督管理职责的有关部门依照前款规定上报事故情况，应当同时报告本级人民政府。国务院安全生产监督管理部门和负有安全生产监督

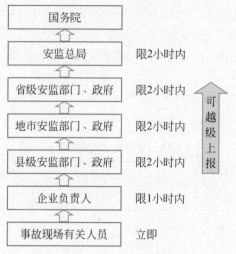

图 12-3　事故报告的流程

管理职责的有关部门以及省级人民政府接到发生特别重大事故、重大事故的报告后，应当立即报告国务院。必要时，安全生产监督管理部门和负有安全生产监督管理职责的有关部门可以越级上报事故情况。

安监部门事故报告的程序如表 12-3 所示。

表 12-3　安监部门事故报告的程序

| 事故等级 | 逐级上报 | 同时报告 | 通知 | 备　注 |
|---|---|---|---|---|
| 特别重大事故 重大事故 | 国务院安监部门 | 本级人民政府 | 公安机关、劳动保障行政部门、工会和人民检察院 | 国务院安监部门、省级人民政府接报后，立即报告国务院 |
| 较大事故 | 省级人民政府安监部门 | | | — |
| 一般事故 | 设区的市级人民政府安监部门 | | | — |

**2. 事故报告的内容**

《生产安全事故报告和调查处理条例》（国务院令第 493 号）第十二条：报告事故应当包括下列内容。

（1）事故发生单位概况。

（2）事故发生的时间、地点以及事故现场情况。

（3）事故的简要经过。

（4）事故已经造成或者可能造成的伤亡人数（包括下落不明的人数）和初步估计的直接经济损失。

（5）已经采取的措施。

（6）其他应当报告的情况。

《生产安全事故报告和调查处理条例》（国务院令第 493 号）第十三条：事故报告后出现

新情况的,应当及时补报。

自事故发生之日起 30 日内,事故造成的伤亡人数发生变化的,应当及时补报。道路交通事故、火灾事故自发生之日起 7 日内,事故造成的伤亡人数发生变化的,应当及时补报。

### 12.2.3　安全生产事故调查

#### 1. 调查组的级别

《生产安全事故报告和调查处理条例》(国务院令第 493 号)第十九条:特别重大事故由国务院或者国务院授权有关部门组织事故调查组进行调查。重大事故、较大事故、一般事故分别由事故发生地省级人民政府、设区的市级人民政府、县级人民政府负责调查。省级人民政府、设区的市级人民政府、县级人民政府可以直接组织事故调查组进行调查,也可以授权或者委托有关部门组织事故调查组进行调查。未造成人员伤亡的一般事故,县级人民政府也可以委托事故发生单位组织事故调查组进行调查。

《生产安全事故报告和调查处理条例》(国务院令第 493 号)第二十条:上级人民政府认为必要时,可以调查由下级人民政府负责调查的事故。自事故发生之日起 30 日内(道路交通事故、火灾事故自发生之日起 7 日内),因事故伤亡人数变化导致事故等级发生变化,依照本条例规定应当由上级人民政府负责调查的,上级人民政府可以另行组织事故调查组进行调查。

《生产安全事故报告和调查处理条例》(国务院令第 493 号)第二十一条:特别重大事故以下等级事故,事故发生地与事故发生单位不在同一个县级以上行政区域的,由事故发生地人民政府负责调查,事故发生单位所在地人民政府应当派人参加。

事故调查组的级别如表 12-4 所示。

表 12-4　调查组的级别

| 事故等级 | 事故调查组 | 备　　注 |
|---|---|---|
| 特别重大事故 | 国务院或者国务院授权有关部门 | 1. 上级政府认为必要时,可以调查由下级政府负责调查的事故。<br>2. 自事故发生之日起 30 日内(道路交通事故、火灾事故自发生之日起 7 日内),因事故伤亡人数变化导致事故等级发生变化,依照本条例规定应当由上级政府负责调查的,上级政府可以另行组织事故调查组进行调查 |
| 重大事故 | 事故发生地省级人民政府,也可以授权或者委托有关部门 | |
| 较大事故 | 事故发生地设区的市级人民政府,也可以授权或者委托有关部门 | |
| 一般事故 | 事故发生地县级人民政府,也可以授权或者委托有关部门 | |
| 未造成人员伤亡的一般事故 | 事故发生地县级人民政府,也可以授权或者委托有关部门;县级政府也可委托事故发生单位 | |

#### 2. 事故调查组的组成

《生产安全事故报告和调查处理条例》(国务院令第 493 号)第二十二条:事故调查组的

组成应当遵循精简、效能的原则。

根据事故的具体情况,事故调查组由有关人民政府、安全生产监督管理部门、负有安全生产监督管理职责的有关部门、监察机关、公安机关以及工会派人组成,并应当邀请人民检察院派人参加。事故调查组可以聘请有关专家参与调查。

《生产安全事故报告和调查处理条例》(国务院令第 493 号)第二十三条:事故调查组成员应当具有事故调查所需要的知识和专长,并与所调查的事故没有直接利害关系。

《生产安全事故报告和调查处理条例》(国务院令第 493 号)第二十四条:事故调查组组长由负责事故调查的人民政府指定。事故调查组组长主持事故调查组的工作。

**3. 事故调查组的职责**

《生产安全事故报告和调查处理条例》(国务院令第 493 号)第二十五条:事故调查组履行下列职责。

(1) 查明事故发生的经过、原因、人员伤亡情况及直接经济损失。

(2) 认定事故的性质和事故责任。

(3) 提出对事故责任者的处理建议。

(4) 总结事故教训,提出防范和整改措施。

(5) 提交事故调查报告。

**4. 事故调查报告内容**

《生产安全事故报告和调查处理条例》(国务院令第 493 号)第二十九条:事故调查组应当自事故发生之日起 60 日内提交事故调查报告;特殊情况下,经负责事故调查的人民政府批准,提交事故调查报告的期限可以适当延长,但延长的期限最长不超过 60 日。

《生产安全事故报告和调查处理条例》(国务院令第 493 号)第三十条:事故调查报告应当包括下列内容。

(1) 事故发生单位概况。

(2) 事故发生经过和事故救援情况。

(3) 事故造成的人员伤亡和直接经济损失。

(4) 事故发生的原因和事故性质。

(5) 事故责任的认定以及对事故责任者的处理建议。

(6) 事故防范和整改措施。

## 12.2.4　安全生产事故处理

《生产安全事故报告和调查处理条例》(国务院令第 493 号)第三十二条:重大事故、较大事故、一般事故,负责事故调查的人民政府应当自收到事故调查报告之日起 15 日内做出批复;特别重大事故,30 日内做出批复,特殊情况下,批复时间可以适当延长,但延长的时间最长不超过 30 日。

有关机关应当按照人民政府的批复,依照法律、行政法规规定的权限和程序,对事故发生单位和有关人员进行行政处罚,对负有事故责任的国家工作人员进行处分。事故发生单位应当按照负责事故调查的人民政府的批复,对本单位负有事故责任的人员进行处理。负有事故责任的人员涉嫌犯罪的,依法追究刑事责任。

《生产安全事故报告和调查处理条例》（国务院令第 493 号）第三十三条：事故发生单位应当认真吸取事故教训，落实防范和整改措施，防止事故再次发生。防范和整改措施的落实情况应当接受工会和职工的监督。

安全生产监督管理部门和负有安全生产监督管理职责的有关部门应当对事故发生单位落实防范和整改措施的情况进行监督检查。

依据"四不放过"的原则，即事故原因未查明不放过、责任人员未处理不放过、整改措施未落实不放过、有关人员未受到教育不放过，对事故进行处理。

# 12.3　安全生产事故原因分析

## 12.3.1　伤亡事故经济损失统计

伤亡事故经济损失，依据《企业职工伤亡事故经济损失统计标准》（GB 6721—1986）进行统计，分为直接经济损失统计和间接经济损失统计。

**1. 直接经济损失的统计范围**

（1）人身伤亡后所支出的费用，包括医疗费用（含护理费用）、丧葬及抚恤费用、补助及救济费用、歇工工资。

（2）善后处理费用，包括处理事故的事务性费用、现场抢救费用、清理现场费用、事故罚款和赔偿费用。

（3）财产损失价值，包括固定资产损失价值、流动资产损失价值。

**2. 间接经济损失的统计范围**

（1）停产、减产损失价值。

（2）工作损失价值。

（3）资源损失价值。

（4）处理环境污染的费用。

（5）补充新职工的培训费用。

（6）其他损失费用。

## 12.3.2　事故原因分析基本步骤

事故原因分析基本步骤如下。

（1）整理和阅读调查材料。

（2）分析伤害方式。按以下七项内容进行分析。

① 受伤部位。

② 受伤性质（指人体受伤的类型，它是从医学角度给创伤赋予的名称，如割伤、扭伤、烧伤、骨折、中毒等）。

③ 起因物。

④ 致害物。

⑤ 伤害方式（伤害物与人体接触的方式）。

⑥ 不安全状态。

⑦ 不安全行为。

（3）确定事故的直接原因。

（4）确定事故的间接原因。

### 12.3.3　事故直接原因分析

按照《企业职工伤亡事故调查分析规则》（GB 6442—1986）规定，属于下列情况为直接原因。

**1. 机械、物质或环境的不安全状态**

（1）防护、保险、信号等装置缺乏或有缺陷，包括无防护、防护不当等。

（2）设备、设施、工具、附件有缺陷。

（3）个人防护用品用具——防护服、手套、护目镜及面罩、呼吸器官护具、听力护具、安全带、安全帽、安全鞋等缺少或有缺陷。

（4）生产（施工）场地环境不良，包括照明光线不良、通风不良、作业场所狭窄、作业场地杂乱、环境温度和湿度不当等。

**2. 人的不安全行为**

（1）操作错误，忽视安全，忽视警告。

（2）造成安全装置失效。

（3）使用不安全设备。

（4）手代替工具操作。

（5）物体（指成品、半成品、材料、工具、切屑和生产用品等）存放不当。

（6）冒险进入危险场所。

（7）攀、坐不安全位置（如平台护栏、汽车挡板、吊车吊钩）。

（8）在起吊物下作业、停留。

（9）机器运转时加油、修理、检查、调整、焊接、清扫等工作。

（10）有分散注意力行为。

（11）在必须使用个人防护用品用具的作业或场所中，忽视其使用。

（12）不安全装束。

（13）对易燃、易爆等危险物品处理错误。

### 12.3.4　事故间接原因分析

按照《企业职工伤亡事故调查分析规则》（GB 6442—1986）规定，属于下列情况为间接原因。

（1）技术和设计上有缺陷——工业构件、建筑物、机械设备、仪器仪表、工艺过程、操作方法、维修检验等的设计，施工和材料使用存在问题。

（2）教育培训不够,未经培训,缺乏或不懂安全操作技术知识。

（3）劳动组织不合理。

（4）对现场工作缺乏检查或指导错误。

（5）没有安全操作规程或不健全。

（6）没有或不认真实施事故防范措施,对事故隐患整改不力。

（7）其他。

【任务思考】

## 任务工作单

（1）按照《企业职工伤亡事故分类》，生产安全事故分为哪20种？

（2）根据《生产安全事故报告和调查处理条例》，生产安全事故的等级是如何划分的？

（3）生产安全事故报告的内容有哪些？

（4）伤亡事故直接经济损失的统计范围是什么？

（5）生产安全事故原因分析的主要内容有哪些？

（6）根据《企业职工伤亡事故分类标准》，确定"情境创设"中生产安全事故的类别。

（7）根据《生产安全事故报告和调查处理条例》，确定"情境创设"中生产安全事故的等级。

（8）分析导致"情境创设"中生产安全事故发生的原因（包括直接原因和间接原因）。

任务练习

案例分析题

(1) 某隧道发生一起垮塌事故,造成现场施工人员 4 人和正在行进中的一辆大客车内 32 人死亡、1 人受伤,发生事故的施工单位是某集团二公司,设计单位是某勘察设计院,建设单位是某铁路建设总指挥部,监理单位是某建设监理公司。

根据上述事故案例回答下列问题(第①～第④题为单选题,第⑤题为多选题)。

① 该起事故的等级是( )。

    A. 特别重大事故  B. 一般事故       C. 重大事故         D. 较大事故

② 有关部门逐级上报事故情况,每级上报时间不得超过( )小时。

    A. 1          B. 2          C. 3          D. 4

③ 事故发生后,事故现场有关人员应当立即向( )报告。

    A. 本单位负责人

    B. 县级以上消防部门

    C. 县级以上人民政府安全生产监督管理部门

    D. 县级以上人民政府负有安全生产监督管理职责的有关部门

④ 单位负责人接到报告后,应当于 1 小时内向( )报告。

    A. 县级以上人民政府安全保卫监督管理部门

    B. 县级以上人民政府负有安全生产监督管理职责的有关部门

    C. 市级以上人民政府安全保卫监督管理部门

    D. 市级以上人民政府负有安全生产监督管理职责的有关部门

⑤ 这起事故调查组应履行的职责包括( )。

    A. 认定事故性质和事故责任

    B. 提出对事故责任者的处理建议

    C. 总结教训,提出防范和整改措施

    D. 提交事故调查报告

    E. 负责事故善后工作

(2) 某建筑企业,企业经理为法定代表人,没有现场安全生产管理负责人。该企业在其注册地的某项施工过程中,甲班队长在指挥组装塔附件没有严格按规定把塔吊吊臂的防滑板装入燕尾槽中并用螺栓固定,而是用焊接将防滑板点焊死。某日甲班作业过程中发生吊臂防滑板开焊、吊臂折断脱落事故,造成 3 人死亡、1 人重伤。这次事故造成的损失包括:医疗费用(含护理费用)45 万元,丧葬及抚恤等费用 60 万元,处理事故和现场抢救费用 28 万元,设备损失 200 万元,停产损失 150 万元。

根据上述事故案例回答下列问题(第①～第③题为单选题,第④题和第⑤题为多选题)。

① 此次事故的主要责任人为( )。

    A. 企业经理               B. 现场安全生产管理负责人

    C. 与此次事故有关的甲班作业人员    D. 甲班队长

② 根据上述情况描述,此次事故的直接经济损失为( )万元。

    A. 483          B. 105          C. 133          D. 333

③ 根据《企业职工伤亡事故分类标准》，该事故的类别应为（    ）。

    A. 物体打击      B. 机械伤害      C. 起重伤害      D. 车辆伤害

④ 此次事故发生后，组成事故调查组的部门和单位应包括（    ）。

    A. 地市级安全生产监督管理部门

    B. 工程监理单位

    C. 地市级公安部门

    D. 县级环保部门

    E. 县级工会

⑤ 导致该起生产安全事故的直接原因包括（    ）。

    A. 私自改装、使用不牢固的设施

    B. 塔吊司机作业时未加注意

    C. 现场安全生产管理不到位

    D. 塔吊吊臂防滑板开焊

    E. 安全生产责任制不健全

（3）某建筑施工企业正在起吊作业，按规定起重吊臂应用铆接，但作业班长甲违章指挥要求焊工采用焊接，结果在吊装作业时发生吊臂折断，导致 3 人死亡，1 人重伤事故。

根据上述事故案例回答下列问题（第①～第③题为单选题，第④题和第⑤题为多选题）。

① 该起事故应追究的主要责任者是（    ）。

    A. 作业班长甲    B. 操作工      C. 焊工      D. 起重机驾驶员

② 该起事故的等级是（    ）。

    A. 一般事故      B. 重大事故      C. 特大事故      D. 较大事故

③ 特种设备专业安全监督管理部门是（    ）。

    A. 质量技术监督部门             B. 安全监督管理部门

    C. 劳动部门                    D. 公安机关

④ 该事故调查组由（    ）部门组成。

    A. 市安全生产监督管理部门

    B. 市公安机关

    C. 市劳动部门

    D. 市环保部门

    E. 县工会

⑤ 该起事故直接原因是（    ）。

    A. 班长甲错误

    B. 操作工操作前未注意检查

    C. 改变吊机结构

    D. 对员工安全教育不够

    E. 吊臂焊接松脱

（4）某年 12 月 27 日，某市上海城二期住宅工程 19 栋工地发生一起施工升降机坠落事故，造成 18 人死亡、1 人受伤。据查，该工程建设单位为某置业有限公司，施工单位为某建设集团有限公司，监理单位为某建设监理有限公司，设备制造及租赁单位为某工程机械制造有限公司,设备安装单位为某安装工程有限责任公司。据初步分析,事故原因是前一天晚上将施工电梯擅自升高,第二天未经检测,民工乘坐施工电梯至18层时发生坠落。

根据上述事故案例回答下列问题(第①~第③题为单选题,第④题和第⑤题为多选题)。

① 依照《安全生产法》及《建设工程安全生产管理条例》的有关规定,应对该施工单位的安全生产工作全面负责的是(　　)。

　　A. 施工单位的安全负责人　　　　　B. 施工单位主要负责人

　　C. 该工程监理总工程师　　　　　　D. 该工程建设单位主要负责人

② 依照《安全生产法》及《建设工程安全生产管理条例》的有关规定,(　　)对本行政区域内的建设工程安全生产实施监督管理。

　　A. 国务院负责安全生产监督管理的部门

　　B. 国务院建设行政主管部门

　　C. 县级以上地方人民政府

　　D. 县级以上地方人民政府建设行政主管部门

③ 施工单位应当为施工现场(　　)办理意外伤害保险。

　　A. 所有人员　　　　　　　　　　　B. 所有操作人员

　　C. 从事危险作业的人员　　　　　　D. 特种作业人员

④ 该工程监理单位在实施监理过程中,如发现存在安全事故隐患,应当(　　)。

　　A. 要求施工单位整改

　　B. 立即组织职工撤离施工现场

　　C. 情况严重的,应当要求施工单位暂时停工施工

　　D. 情况严重的,应当及时报告建设单位

　　E. 必要时应当向有关主管部门报告

⑤ 该施工现场属于特种作业人员的是(　　)。

　　A. 专职安全生产管理人员

　　B. 垂直运输机械作业人员

　　C. 起重信号工

　　D. 登高架设作业人员

　　E. 电焊工

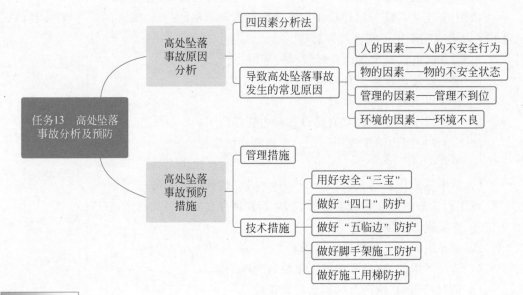

## 知识目标

1. 熟悉四因素分析法。
2. 掌握导致高处坠落事故发生的常见原因。
3. 掌握高处坠落事故预防措施。

## 能力目标

1. 能进行高处坠落事故原因分析。
2. 能制订高处坠落事故预防措施。

## 素质目标

1. 培养系统地分析问题的习惯，树立全局意识。
2. 树立"安全第一、预防为主"的职业情感。
3. 树立敬畏生命的理念，培养遵章守纪的职业操守、责任意识、严谨认真的工匠精神。

## 相关知识链接

1. 四因素分析法。
2. 导致高处坠落事故发生的常见原因。
3. 高处坠落事故预防措施。

高处坠落事故
分析及预防

## 职业素养养成

1. 基于四因素分析法,对导致高处坠落事故发生的常见原因进行分析,让学生系统地掌握导致高处坠落事故发生的常见原因,教育学生系统地分析问题,树立全局意识。

2. 结合高处坠落事故案例教育学生敬畏生命、遵章守纪、懂得责任、严谨认真,树立"安全第一、预防为主"的职业情感。

## 情境创设

2月3日,某公司对某花园三期阳台栏杆工程进行验收,发现部分需要修补。2月27日,施工单位安排作业人员对栏杆验收中发现的个别问题进行缺陷修补。约9时50分,李某翻过18层的花坛内侧栏杆,站到18层花坛外侧约30cm宽、没有任何防护的飘板上向下溜放电焊机电缆,不慎从飘板面坠落至一层地面,坠落高度约54m,经抢救无效死亡(图13-1)。

图13-1　事故中李某坠落的过程

思考:

1. 根据该事故案例,分析导致该起生产安全事故发生的原因(包括直接原因和间接原因)。

2. 根据该事故案例,分析预防该起生产安全事故采取的安全措施。

# 13.1　高处坠落事故原因分析

安全第一、预防为主。在建筑施工过程中,高处作业最容易、最多发生的安全生产事故是高处坠落事故。高处坠落事故多年来一直是建筑施工"五大伤害"事故之首,其事故死亡人数占建筑施工事故死亡人数的一半以上。因此,分析导致高处坠落事故发生的原因,为采取有效的预防措施提供可靠的依据,进而减少甚至杜绝高处坠落事故的发生显得尤为重要。

## 13.1.1　四因素分析法

四因素分析法是指从人的因素、物的因素、管理的因素和环境的因素4个方面分析事故发生的原因。其中,人的因素是指人的不安全行为,物的因素是指物的不安全状态,管理的因素是指管理不到位,环境的因素是指环境不良,如图13-2所示。

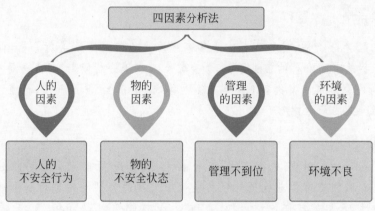

图 13-2　四因素分析法

### 13.1.2　导致高处坠落事故发生的常见原因

**1. 人的因素——人的不安全行为**

（1）"三违"现象：违章指挥、违章作业、违反劳动纪律。

**违章指挥**：例如指派无登高架设作业操作资格的人员从事登高架设作业。

**违章作业**：例如未经现场安全管理人员同意擅自拆除安全防护设施。

**违反劳动纪律**：例如不按规定的通道进出作业面，而是随意攀爬阳台、吊车臂架等非规定通道；高空作业时不按劳动纪律要求穿戴好个人劳动防护用品（安全帽、安全带、防滑鞋等）。

（2）人的操作失误：例如在洞口、临边作业时因踩空、踩滑而坠落。

（3）生理、心理不佳，例如从事高处作业的人员患高血压、心脏病、癫痫病等，以及其他不适合从事高处作业的人员从事高处作业。

（4）冒险进入危险场所。

**2. 物的因素——物的不安全状态**

1）安全防护设施强度不够、安装不良、磨损老化

（1）防护栏杆因钢管、扣件等材料不合格而折断、变形。

（2）吊篮脚手架钢丝绳因摩擦、锈蚀而破断导致吊篮倾斜、坠落。

（3）施工脚手板因强度不够而弯曲变形、折断。

2）安全防护设施不合格、装置失灵

（1）临边、洞口、操作平台周边的防护设施不合格。

（2）整体提升脚手架、施工电梯等设施设备因防坠装置失灵而导致脚手架、施工电梯坠落。

**3. 管理的因素——管理不到位**

（1）生产过程组织不合理，存在交叉作业或超时作业现象。

（2）高处作业安全管理规章制度及安全责任制不完善。

（3）安全管理混乱。

（4）安全教育培训不到位。

（5）安全检查不到位。

**4. 环境的因素——环境不良**

1）气候条件恶劣

在 6 级强风或大雨、雪、雾天气从事露天高处作业。

2）照明不足

作业现场能见度不足、光线差。

综上所述，导致高处坠落事故发生的常见原因如表 13-1 所示。

表 13-1　导致高处坠落事故发生的常见原因

| 四因素 | | 常　见　原　因 |
|---|---|---|
| 人的因素 | 人的不安全行为 | 1."三违"现象：违章指挥、违章作业、违反劳动纪律；<br>2. 人的操作失误；<br>3. 生理、心理不佳；<br>4. 冒险进入危险场所 |
| 物的因素 | 物的不安全状态 | 1. 安全防护设施强度不够、安装不良、磨损老化；<br>2. 安全防护设施不合格、装置失灵 |
| 管理的因素 | 管理不到位 | 1. 生产过程组织不合理，存在交叉作业或超时作业现象；<br>2. 高处作业安全管理规章制度及安全责任制不完善；<br>3. 安全管理混乱；<br>4. 安全教育培训不到位；<br>5. 安全检查不到位 |
| 环境的因素 | 环境不良 | 1. 气候条件恶劣；<br>2. 照明不足 |

# 13.2　高处坠落事故预防措施

面对高处坠落的施工风险，我们应该做些什么呢？

"安全第一"是永恒的，只有安全，才能有幸福的生活。为了自己和他人的安全，请时刻谨记：高处不胜寒，安全不能忘。在高处作业时，高处坠落发生的概率是时刻存在的，切忌粗心大意，心存侥幸；请做好安全防护，确保作业安全。

## 13.2.1　管理措施

（1）作业人员要明确岗位责任，熟悉作业方法，掌握技术知识，执行安全操作规程、正确使用防护用具。

（2）管理人员要加大安全投入、落实安全责任，加强安全监督管理、安全教育、安全技术交底和安全日常检查。

### 13.2.2 技术措施

**1. 用好安全"三宝"**

1）安全帽

进入施工现场必须戴好符合安全标准的安全帽，并系好帽带。

2）安全带

凡在 2m 以上悬空作业人员，必须佩戴合格的安全带。安全带的使用要求如下（图 13-3）。

（1）经常检查（使用前抽检安全带有裂痕、挂扣是否变形）、妥善保养、损坏需更新。

（2）百分之百系好安全带，做到高挂低用（降低坠落距离、减少冲击力）。

图 13-3　安全带的挂法

（3）挂在牢固可靠处（禁止挂在移动或带尖锐棱角或不牢固的物件上）。

（4）绳子不能打结使用，钩子要挂在连接环上，严禁擅自接长使用。

3）安全网

凡无外架防护作业点，必须搭设好安全网（图 13-4）。

图 13-4　施工现场安全网

**2. 做好"四口"防护**

"四口"即楼梯口、电梯口、预留洞口和出入口（也称通道口）。"四口"防护方法分为以下两类。

（1）在楼梯口、电梯口、预留洞口，设置围栏、盖板、开启式金属防护门、架网。

（2）正在施工的建筑物出入口和井字架、门式架进出入料口，搭设防护棚。

### 3. 做好"五临边"防护

尚未安装栏杆的阳台周边,无外架防护的屋面周边,框架工程楼层周边,上下跑道、斜道两侧边,卸料平台的外侧边等,简称"五临边"。"五临边"必须设置1.2m高的双层围栏(每层60cm)或搭设安全立网,既可防止人员坠落,也可防止各种物料坠落伤人(图13-5)。

图13-5　安全防护围栏

### 4. 做好脚手架施工防护

脚手架在建筑安装工程施工中是一项不可缺少的重要工具(图13-6),脚手架发生故障,往往会造成多人重大伤亡事故。因此,对各种脚手架必须认真把好"10道关":材质关、尺寸关、铺板关、栏护关、连接关、承重关、上下关、雷电关、挑梁关、检验关。

图13-6　施工现场脚手架

### 5. 做好施工用梯防护

由于梯子不牢固发生的高处坠落事故是较多的,因此要求:梯子要牢;梯子与踏步30~40cm;梯子与地面夹角60°~70°;梯子底脚要有防滑措施;梯子顶端捆扎牢固或设专人扶梯。

【任务思考】

## 任务工作单

（1）四因素分析法是什么？

_____

_____

_____

_____

（2）导致高处坠落事故发生的常见原因有哪些？

_____

_____

_____

_____

_____

（3）高处坠落事故预防措施有哪些？

_____

_____

_____

_____

_____

（4）分析导致"情境创设"中生产安全事故发生的原因（包括直接原因和间接原因）。

_____

_____

_____

_____

（5）分析预防"情境创设"中生产安全事故应采取的安全措施。

_____

_____

_____

_____

**任务练习**

**1. 单项选择题**

（1）四因素分析法中的"四因素"是指（　　）。

　　A. 人的不安全行为、物的因素、环境的因素和管理的因素

　　B. 人的因素、物的因素、环境的因素和管理的因素

　　C. 人的因素、物的不安全状态、环境的因素和管理的因素

　　D. 人的不安全行为、物的不安全状态、环境的因素和管理不到位

（2）四因素分析法中的"物的因素"是指（　　）。

　　A. 物的不安全状态和环境不良　　　　B. 环境不良

　　C. 物的不安全状态　　　　　　　　　D. 环境不良和管理不到位

（3）高处作业"三违现象"属于（　　）危险有害因素。

　　A. 物的不安全状态　　　　　　　　　B. 人的不安全行为

　　C. 管理不到位　　　　　　　　　　　D. 环境不良

（4）属于人的不安全行为的危险有害因素有（　　）。

　　A. 生产过程组织不合理，存在交叉作业或超时作业现象

　　B. 冒险进入危险场所

　　C. 安全教育培训不到位

　　D. 安全管理混乱

（5）属于高处作业管理不到位的危险有害因素有（　　）。

　　A. 作业人员生理、心理不佳

　　B. 洞口防护栏杆不符合规范要求

　　C. "三级安全教育"不到位

　　D. 作业人员不系安全带进行高处作业

（6）属于物的不安全状态的危险有害因素有（　　）。

　　A. 作业人员生理、心理不佳　　　　　B. 洞口防护栏杆不符合规范要求

　　C. "三级安全教育"不到位　　　　　　D. 照明不良

**2. 案例分析题**

某电厂5、6号机组续建工程由某公司承建，该工程主体为钢结构。6号机组东西（A至B轴）钢屋架跨度为27m，南北（51～59轴）长63m，共7个节间，钢屋架间距为9m，屋架上弦高度为33.2m。屋架上部为型钢檩条，间距为2.8m，檩条上部铺设钢板瓦。截至某年2月20日前，已完成51至52轴1个节间的铺板。同年2月20日继续铺设钢板瓦作业，开始从52至53轴之间靠近A轴位置铺完第1块板，但没进行固定就进行第2块板铺设，为图省事，将第2块及第3块板咬合在一起同时铺设。因两块板不仅面积大且重量增加，操作不便，5名人员在钢檩条上用力推移，由于上面操作人员未挂牢安全带，下面也未设置安全网，推移中3名作业人员从屋面（+33m）坠落至汽轮机平台上（+12.6m），造成3人死亡。

根据上述事故案例回答下列问题。

（1）根据《企业职工伤亡事故分类标准》，确定该起生产安全事故的类别。

_____

_____

_____

_____

（2）根据《生产安全事故报告和调查处理条例》，确定该起生产安全事故的等级。

_____

_____

_____

_____

_____

（3）分析导致该起生产安全事故发生的直接原因。

_____

_____

_____

_____

_____

（4）分析导致该起生产安全事故发生的间接原因。

_____

_____

_____

_____

_____

（5）分析预防该起生产安全事故应采取的安全措施。

_____

_____

_____

_____

_____

# 任务 14 坍塌事故分析及预防

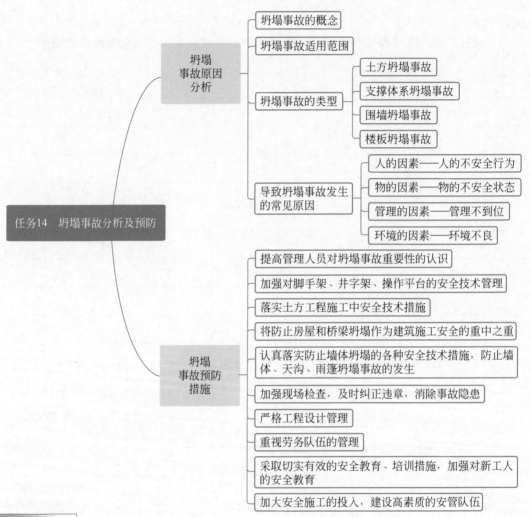

坍塌事故原因分析
- 坍塌事故的概念
- 坍塌事故适用范围
- 坍塌事故的类型
  - 土方坍塌事故
  - 支撑体系坍塌事故
  - 围墙坍塌事故
  - 楼板坍塌事故
- 导致坍塌事故发生的常见原因
  - 人的因素——人的不安全行为
  - 物的因素——物的不安全状态
  - 管理的因素——管理不到位
  - 环境的因素——环境不良

任务14 坍塌事故分析及预防

坍塌事故预防措施
- 提高管理人员对坍塌事故重要性的认识
- 加强对脚手架、井字架、操作平台的安全技术管理
- 落实土方工程施工中安全技术措施
- 将防止房屋和桥梁坍塌作为建筑施工安全的重中之重
- 认真落实防止墙体坍塌的各种安全技术措施，防止墙体、天沟、雨篷坍塌事故的发生
- 加强现场检查，及时纠正违章，消除事故隐患
- 严格工程设计管理
- 重视劳务队伍的管理
- 采取切实有效的安全教育、培训措施，加强对新工人的安全教育
- 加大安全施工的投入，建设高素质的安管队伍

## 知识目标

1. 掌握坍塌事故的概念。
2. 熟悉坍塌事故适用范围和坍塌事故的类型。
3. 掌握导致坍塌事故发生的常见原因。
4. 掌握坍塌事故预防措施。

## 能力目标

1. 能进行坍塌事故原因分析。

2. 能制订坍塌事故预防措施。

## 素质目标

1. 培养系统地分析问题的习惯,树立全局意识。

2. 建立"安全第一、预防为主"的职业情感。

3. 树立敬畏生命的理念,培养遵章守纪的职业操守、责任意识、严谨认真的工匠精神。

## 相关知识链接

1. 坍塌事故的概念。

2. 坍塌事故适用范围和坍塌事故的类型。

3. 导致坍塌事故发生的常见原因。

4. 坍塌事故预防措施。

坍塌事故
分析及预防

## 职业素养养成

1. 基于四因素分析法,对导致坍塌事故发生的常见原因进行分析,让学生系统地掌握导致坍塌事故发生的常见原因,教育学生系统地分析问题,树立全局意识。

2. 结合坍塌事故案例教育学生敬畏生命、遵章守纪、懂得责任、严谨认真,建立"安全第一、预防为主"的职业情感。

## 情境创设

3月2日,某土建工程施工公司给非本单位职工王某等人开具前往建设单位——某公司联系有关工程事宜的企业介绍信,并提供该单位有关资质证书(营业执照、建筑企业质量信誉等级证、建筑安全资格证等)。由王某等人持上述资料前往该建设单位,联系洽谈有关某高速公路某标段的路基挡土墙工程建设事宜。该土建工程施工公司又于当年3月3日和13日给建设单位开出承诺书,并对某高速公路某标段路基挡土墙施工进行组织设计。经建设单位审查后,确定由该公司承接某标段路基挡土墙开挖和砌筑任务。

同年4月5日,建设单位给施工单位发函,通知其中标并要求施工单位于4月6日进入现场施工。协同承揽工程并担任施工现场负责人的李某未将通知报告某施工公司,擅自在该通知上签名,并于4月5日以该单位的名义与建设单位草签了合同。4月6日李某再次以土建工程施工公司十一项目部的名义,向建设单位递交了开工报告和路基挡土墙土方开挖砌筑方案。4月6日建设单位回复同意施工方案。4月7日正式开挖,10日机械挖土基本完成。13日,王某、李某从某非法劳务市场私自招募民工进行清槽作业,15日分配其中8人在基槽南侧修整边坡,并准备砌筑挡土墙。9时50分左右,基槽南侧边坡突然发生坍塌,将在此作业的7人埋在土下,在场的其他民工立即进行抢救工作。10时20分,当救出2人时,土方再次坍塌,抢救工作受阻,至12时50分抢救工作结束,被埋的5人全部死亡。

思考:

1. 根据该事故案例,分析导致该起生产安全事故发生的原因(包括直接原因和间接原因)。

2. 根据该事故案例,分析预防该起生产安全事故采取的安全措施。

# 14.1 坍塌事故原因分析

建筑施工中,坍塌事故对建筑安全的危害程度最为严重。近年来,在建筑施工中经常发生建筑物、脚手架、模板支架、土方等坍塌事故,给人民生命财产造成了巨大损失。为此我们必须认真分析事故原因,总结经验教训,采取有效改进措施,才能防止类似事故重复发生。

## 14.1.1 坍塌事故的概念

坍塌事故是指物体在外力或重力作用下,超过自身的强度极限或因结构稳定性破坏而造成的事故,如挖沟时的土石塌方、脚手架坍塌、堆置物倒塌等,不适用于矿山冒顶片帮和车辆、起重机械、爆破引起的坍塌(图 14-1)。

图 14-1 施工现场坍塌事故

## 14.1.2 坍塌事故适用范围

坍塌事故适用范围如下。
(1) 房屋、墙壁、脚手架等建筑物、构造物倒塌。
(2) 开挖沟、坑、洞、隧道、涵洞过程中发生的不属于冒顶片帮的土石塌落。
(3) 堆积的土石砂、物料坍塌。
(4) 不包括因爆炸引起的塌方和隧道、井巷冒顶片帮。

## 14.1.3 坍塌事故的类型

### 1. 土方坍塌事故

建筑工程项目基础结构、管沟的施工中,由于施工操作不规范,或相应防护结构不稳定,会导致其出现坍塌事故,进而影响到相关结构的有序施工,从而形成较大干扰,也会带来安全威胁。

**2. 支撑体系坍塌事故**

建筑工程项目中的脚手架以及相关模板结构等支撑体系出现坍塌问题的概率也是比较高的,该类坍塌事故主要因为相应支撑体系自身结构不稳定,容易在施工应用中受各个方面作用力威胁,最终带来坍塌隐患。

**3. 围墙坍塌事故**

围墙坍塌主要是因为在整个施工操作中没有规范围墙的应用条件,导致其无法承担较大的重量,另外广告牌等设施的随意设置也容易形成明显的围墙损坏威胁,进而在作用力下形成了坍塌事故。

**4. 楼板坍塌事故**

楼板结构建筑施工操作中,如果出现了楼板受力过大、超载等问题,同样也很容易出现坍塌事故,并且容易出现楼板的直接断裂,最终影响其整体施工安全性水平。

## 14.1.4 导致坍塌事故发生的常见原因

**1. 人的因素——人的不安全行为**

1) 违反操作规程或劳动纪律

例如,某建筑公司对两个塔楼同时进行外装修作业,在两塔楼间搭设了长 13.35m、宽 6m、高 24m 分 8 层的井架运料平台,连接两个塔楼的架子,总重量近 40t,由于平台各层分别堆放着水泥、花砖、砂浆等,加上平台搭设小横杆间距 3m 过大,平台严重超载,立杆失稳,当砂泵运至第 6 层平台时,平台倒塌,将两塔楼的双排外架拉垮,使正在第 4~8 层平台上作业的 20 名工人随架坠落,造成 2 人死亡、3 人重伤、15 人轻伤。

2) 不懂操作知识,违章作业

例如,某建筑队在清理边坡混凝土残渣时,由于新工人违章掏挖"神仙土",造成塌方,当场压死运土工人 2 名。

**2. 物的因素——物的不安全状态**

(1) 防护、保险信号等装置缺乏或有缺陷。

例如,某建筑工程公司在施工中,一排刚搭好的高 54m、长 17m 的双排脚手架,由于架子基础不平不实、架子与建筑物连接不牢靠、剪刀撑薄弱等原因而突然坍塌,12 名架子工随即坠落,被压在垮塌的架子下面,当场造成 5 人死亡,2 人重伤,5 人轻伤。

(2) 设备、工具、附件有缺陷。

**3. 管理的因素——管理不到位**

1) 劳动组织不合理

例如,某建筑工地雇用聋哑人覃某拆除商店大门上的雨篷,由于聋哑人语言不通,操作错误,覃某踏上悬挑雨篷板外沿,致使雨篷倾覆,造成 1 人死亡、1 人重伤。

2) 对现场工作缺乏检查或指导有错误

例如,某钢结构工棚,由于多年来装卸预制构件,汽车、拖拉机多次碰撞砖柱,导致钢屋架产生位移,而且多年来从未进行安全检查,工棚周围因土建三面打桩,震动很大,破坏了屋架结构,工棚突然倒塌,造成 1 人死亡、2 人重伤。

3）设计有缺陷

例如，某地区施工建造的一座结构新颖的钢筋混凝土空腹箱形斜拉桥，全长 260m。当南北两段桥即将合拢时，由于设计上存在严重缺陷，加上施工管理混乱、质量低劣，特别是在北段工程质量上发现有多处裂缝和严重隐患的情况下，在场的设计和施工负责人均未采取措施，继续冒险起吊，10 月 29 日，主跨 190m 钢筋混凝土空腹箱形空间斜拉桥北端突然发生断裂，垮塌 87m，伸向河床上空的桥体连同吊装设备一并落入水中，施工人员 21 人坠入河中，死亡 16 人，直接经济损失 150 多万元。

**4. 环境的因素——环境不良**

环境不良因素主要有施工现场光线不足和工作地点及通道情况不良。

综上所述，导致坍塌落事故发生的常见原因如表 14-1 所示。

表 14-1　导致坍塌事故发生的常见原因

| 四因素 | | 常 见 原 因 |
| --- | --- | --- |
| 人的因素 | 人的不安全行为 | 1. 违反操作规程或劳动纪律；<br>2. 不懂操作知识，违章作业 |
| 物的因素 | 物的不安全状态 | 1. 防护、保险信号等装置缺乏或有缺陷；<br>2. 设备、工具、附件有缺陷 |
| 管理的因素 | 管理不到位 | 1. 劳动组织不合理；<br>2. 对现场工作缺乏检查或指导有错误；<br>3. 设计有缺陷 |
| 环境的因素 | 环境不良 | 1. 施工现场光线不足；<br>2. 工作地点及通道情况不良 |

# 14.2　坍塌事故预防措施

**1. 提高管理人员对坍塌事故重要性的认识**

提高项目经理、施工技术负责人和各级管理人员对防止各类坍塌事故重要性的认识。坚持"安全第一，预防为主、综合治理"的安全生产方针，牢固确立安全第一、质量第一的观念，通过建造高质量的建筑物、构筑物来保障人民群众生命财产的安全，通过安全文明施工来保证工程的顺利进行。

**2. 加强对脚手架、井字架、操作平台的安全技术管理**

防止脚手架、井字架、操作平台坍塌事故的发生，必须做到材料和构造符合相应技术标准的规定，脚手架、井字架、操作平台高度超过标准规定时，应有专项设计计算，并经审查批准，架子搭设和拆除人员除应持证作业外，还要有能指导施工的方案，并在搭拆前进行书面交底。脚手架、井字架、操作平台经施工技术安全部门验收合格后方可使用，在使用中严禁超载。

**3. 落实土方工程施工中安全技术措施**

土方工程是地面施工，容易被忽视，要防止土方坍塌，应坚持基础施工要有支护方案，基坑深度超过 5m,要有专项支护设计,要确保边坡稳定,按顺序挖土,作业人员必须严格遵守安全操作规程,有效地处理地下水,要经常查看边坡和支护情况,发现异常应及时采取措施,支护设施拆除应按施工组织设计的规定进行。

**4. 将防止房屋和桥梁坍塌作为建筑施工安全的重中之重**

房屋和桥梁坍塌的后果十分严重。要防止房屋和桥梁坍塌,必须把好房屋桥梁设计和施工质量关,要有防止模板及其支架系统坍塌的有效措施,要有防止房屋和桥梁坍塌以及防止拆除作业过程坍塌的措施。

**5. 认真落实防止墙体坍塌的各种安全技术措施,防止墙体、天沟、雨篷坍塌事故的发生**

防止墙体、天沟、雨篷坍塌事故的发生,必须认真落实防止墙体坍塌的各种安全技术措施,要了解设计意图和要求,弄清当施工进行到什么程度才能保证雨篷、挑檐的抗倾覆力矩大于倾覆力矩。留置与雨篷、挑檐混凝土同条件养护的试件,在拆除模板和支撑前,应测试件强度是否满足拆模要求,向现场施工人员做好技术交底,在未达到拆除模板和支撑的要求前,严禁拆除雨篷、挑檐的承重底模和支撑。

**6. 加强现场检查,及时纠正违章,消除事故隐患**

避免各类坍塌事故的发生,必须坚持安全检查的制度化、经常化,在检查中,要突出对重点人物、重点部位的控制,及时纠正人的违章行为,及时消除物的不安全状态,做到心中有数,万无一失。

**7. 严格工程设计管理**

抓住严格工程设计管理这一重要环节,严格执行建筑法"建筑工程设计应当符合按照国家规定制定的建筑安全规程和技术规范,保证工程的安全性能"的规定,严禁无证设计,严禁越级设计,严禁擅自改变设计方案,严禁边设计边施工,严禁无设计施工,保证设计的安全可靠性。

**8. 重视劳务队伍的管理**

实践表明,要创安全文明、优质工程,要防止各类坍塌事故的发生,必须培养和造就一支训练有素、纪律严明、技术精良的劳务队伍。无资质承包,私招乱雇,建筑劳务队伍的技术素质差,是造成坍塌事故的重要原因之一。必须严格执行建筑法"禁止承包单位将工程分包给不具备相应资质条件的单位。禁止分包单位将其承包的工程再分包"的规定。要坚持择优选择劳务队伍。

**9. 采取切实有效的安全教育、培训措施,加强对新工人的安全教育**

国家颁发的安全生产法规定,生产经营单位应当对从业人员进行安全生产教育和培训,保证从业人员具备必要的安全生产知识,熟悉有关的安全生产规章制度和安全操作规程,掌握本岗位的安全操作技能,未经安全生产教育和培训合格的从业人员,不得上岗作业,我们必须坚决执行。

**10. 加大安全施工的投入,建设高素质的安管队伍**

搞好安全施工,防止坍塌事故,对安管队伍提出了新的更高的要求。如果安管人员的素质不高,技术不精,力量配备不足,纠正违章、消除隐患、预防事故的目标就难以实现。许多单位的实践经验证明,建立一支工作责任心强、技术业务精湛、安管经验丰富的安全施工管理队伍是防止坍塌事故和搞好安全施工生产的重要保障。

　　"安全无小事，预防是根本"。安全来自警惕，事故出于麻痹，必须清醒地认识到任何不安全的隐患或未遂事故的偶然出现，假如不能迅速采取有效的措施加以消除，任其发展，就会形成必然的事故伤害。总之，各项预防措施，都要做到"有计划方案，有布置落实，有检查改进，有经验总结"，并要结合实际，有始有终，不断进步，不断完善，才能取得良好的预期效果。

【任务思考】

**任务工作单**

（1）坍塌事故的概念是什么？

_____

_____

_____

_____

（2）坍塌事故适用范围和坍塌事故的类型有哪些？

_____

_____

_____

_____

（3）导致坍塌事故发生的常见原因有哪些？

_____

_____

_____

_____

（4）坍塌事故预防措施有哪些？

_____

_____

_____

_____

（5）分析导致"情境创设"中生产安全事故发生的原因（包括直接原因和间接原因）。

_____

_____

_____

_____

（6）分析预防"情境创设"中生产安全事故应采取的安全措施。

_____

_____

_____

**任务练习**

**1. 单项选择题**

(1) 下列属于坍塌事故的有（　　）。

 A. 起重机械引起的坍塌      B. 车辆起的坍塌

 C. 脚手架坍塌         D. 爆破引起的坍塌

(2) 下列属于环境不良的危险有害因素有（　　）。

 A. 工作地点及通道情况不良

 B. 劳动组织不合理，施工现场管理混乱

 C. 对现场工作缺乏检查或指导有错误

 D. 工人违反操作规程或劳动纪律

(3) "不懂操作知识，违章作业"属于（　　）危险有害因素。

 A. 物的不安全状态       B. 人的不安全行为

 C. 管理不到位         D. 环境不良

(4) 下列属于人的不安全行为的危险有害因素有（　　）。

 A. 工人违反操作规程或劳动纪律

 B. 对现场工作缺乏检查或指导有错误

 C. 工作地点及通道情况不良

 D. 设计有缺陷

(5) 下列属于管理不到位的危险有害因素有（　　）。

 A. 施工现场光线不足

 B. 工人违反操作规程或劳动纪律

 C. 劳动组织不合理，施工现场管理混乱

 D. 设备、工具、附件有缺陷

(6) 下列属于物的不安全状态的危险有害因素有（　　）。

 A. 对现场工作缺乏检查或指导有错误

 B. 防护、保险信号等装置缺乏或有缺陷

 C. 设计有缺陷

 D. 工作地点及通道情况不良

**2. 多项选择题**

(1) 坍塌事故的常见类型有（　　）。

 A. 土方坍塌事故        B. 车辆引起的坍塌

 C. 围墙坍塌事故        D. 支撑体系坍塌事故

 E. 楼板坍塌事故

(2) 下列属于导致土方坍塌事故发生的主要原因有（　　）。

 A. 受力过大、超载       B. 施工操作不规范

 C. 支撑体系自身结构不稳定    D. 没有规范围墙的应用条件

 E. 相应防护结构不稳定

**3. 案例分析题**

某石油公司在没有进行工程招投标，未办理质量监督手续和施工许可证的情况下，将工程直接发包给该县某建筑公司，并于 3 月 23 日签订了施工合同。为加快施工，该建筑公司找来当地的专门挖土方的村民，于 3 月 28 日进场施工。建设单位没有采用该县规划设计局的图纸，而是将一张无设计单位、无设计人的"某加油站挡土墙剖面图"交给施工单位施工。施工单位在施工过程中，没有采取任何安全措施，就在 13m 高的边坡底部开挖挡土墙基槽。在挖基槽时，发现土质局部存在淤泥和松软土质结构，为赶工，没有向建设单位汇报。同时建设单位为了方便验收土方，在没有考虑施工安全的情况下，要求施工单位将基槽全部挖好才验收土方。

4 月 2 日上午，建设单位有关领导在到施工现场检查工程进度和质量时，对挡土墙基础进行验收。经丈量，挡土墙基础中段约 10m 长的部分不符合所提供图纸要求，但为了进度要求，没有让施工单位停工。施工单位立即组织工人继续进行施工。14:00 左右，当工人吃完午饭陆续返回作业地点施工时，挡土墙基槽上方 13m 高的边坡土方突然倒塌，造成 10 人死亡。

根据上述事故案例回答下列问题。

(1) 根据《企业职工伤亡事故分类标准》，确定该起生产安全事故的类别。

(2) 根据《生产安全事故报告和调查处理条例》，确定该起生产安全事故的等级。

(3) 分析导致该起生产安全事故发生的直接原因。

(4) 分析导致该起生产安全事故发生的间接原因。

(5) 分析预防该起生产安全事故采取的安全措施。

# 任务15 机械伤害事故分析及预防

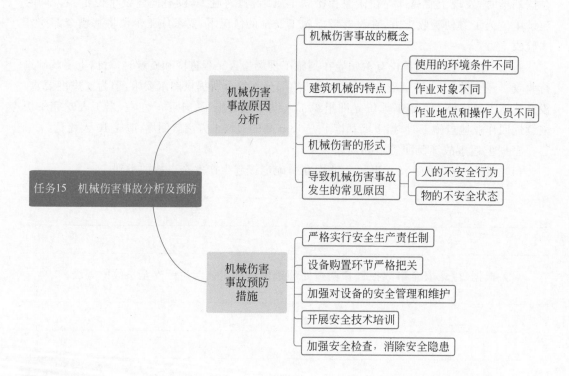

## 知识目标

1. 掌握机械伤害事故的概念。
2. 熟悉建筑机械的特点和机械伤害的形式。
3. 掌握导致机械伤害事故发生的常见原因。
4. 掌握机械伤害事故预防措施。

## 能力目标

1. 能进行机械伤害事故原因分析。
2. 能制订机械伤害事故预防措施。

## 素质目标

1. 树立"安全第一、预防为主"的职业情感。
2. 树立敬畏生命的理念,培养遵章守纪的职业操守、责任意识、严谨认真的工匠精神。

## 相关知识链接

1. 机械伤害事故的概念。

2. 建筑机械的特点和机械伤害的形式。

3. 导致机械伤害事故发生的常见原因。

4. 机械伤害事故预防措施。

机械伤害事故
分析及预防

## 职业素养养成

1. 对导致机械伤害事故发生的常见原因进行分析,让学生系统地掌握导致机械伤害事故发生的常见原因,教育学生系统地分析问题,树立全局意识。

2. 结合机械伤害事故案例教育学生敬畏生命、遵章守纪、懂得责任、严谨认真,树立"安全第一、预防为主"的职业情感。

## 情境创设

9月25日12:20,在某公司负责承建的某轻轨工程工地,王某作业队施工人员进行基坑作业时(基坑无防护措施),突然发现有人驾驶一辆装载机坠入距该坑约300m远的另外一基坑中,便立即组织抢救并向现场领导汇报(图15-1)。

经查,工作人员金某在没有"特种作业操作证"的情况下,擅自开启停在路边由贾某(吃饭时将钥匙交给了金某)驾驶的装载机,造成装载机翻入承台基坑,金某被挤压变形的装载机卡住死亡。

图15-1　装载机翻入承台基坑

思考:

1. 根据该事故案例,分析导致该起生产安全事故发生的原因(包括直接原因和间接原因)。

2. 根据该事故案例,分析预防该起生产安全事故采取的安全措施。

# 15.1　机械伤害事故原因分析

建筑机械伤害是建筑行业的"五大伤害"之一,经常给建筑施工带来巨大的人员伤亡和财产损失。因此,对建筑机械事故进行研究,分析其产生的原因,制订有效的预防措施意义重大。

### 15.1.1 机械伤害事故的概念

机械伤害事故是指机械设备运动（静止）部件、工具、加工件直接与人体接触引起的夹击、碰撞、剪切、卷入、绞、碾、割、刺等伤害，不包括车辆、起重机械引起的机械伤害。

### 15.1.2 建筑机械的特点

建筑机械是为建筑施工服务的，建筑机械伤害事故是在建筑施工过程中产生的，由于建筑施工与一般的工厂生产有着许多不同，因此分析它与工厂内的机械设备的不同，有利于更好地分析建筑机械伤害事故。与工厂内的机械设备相比，它的不同主要有以下几个方面。

**1. 使用的环境条件不同**

建筑机械，如混凝土机械等长期露天工作，经受风吹雨打和日晒。恶劣的环境条件对机械的使用寿命、工作可靠性和安全性都有非常不利的影响。

**2. 作业对象不同**

建筑机械的作业对象以砂、石、土、混凝土、砂浆及其他建筑材料为主。工作时受力复杂，载荷变化大，腐蚀大，磨损严重。

**3. 作业地点和操作人员不同**

施工机械场地和操作人员的流动性都比较大，由此引起安装质量、维修质量、操作水平变化也比较大，直接影响使用的安全性。

### 15.1.3 机械伤害的形式

机械伤害的形式有：机械转动部分造成的绞、碾和拖带等伤害；机械工作部分造成的砸、轧、撞、挤等伤害；机械部件飞出、机械失稳、倾覆等情况造成的伤害；违章操作、误操作造成的伤害等。

### 15.1.4 导致机械伤害事故发生的常见原因

安全原理中的轨迹交叉事故致因理论认为，当人的不安全行为与物的不安全状态发生于同一时间、空间时，就会发生事故。对于机械伤害事故，我们同样可以从人的不安全行为与物的不安全状态来分析事故的原因。

**1. 人的不安全行为**

（1）施工队伍的素质差。某些施工企业的操作人员不但技术素质差，安全意识和自我保护能力也差，有的甚至未经培训就无证上岗。

（2）作业人员冒险蛮干和违章作业。

（3）作业人员安装作业不符合规范要求。

**2. 物的不安全状态**

（1）设备存在安全隐患。某些施工企业只注重赶工期、拼设备，忽视了设备的安全管理和维修保养，致使设备经常带病工作，或买进本身有缺陷的设备，造成众多隐患，极易引发伤害。

（2）安全装置和防护设施不齐全、设置不当或失灵，无法起到安全防护作用。

# 15.2　机械伤害事故预防措施

**1. 严格实行安全生产责任制**

贯彻实行"安全第一，预防为主，综合治理"的方针，公司的一把手应管安全，要设置专门的安全管理机构，应明确机械中各级负责人的责任。

**2. 设备购置环节严格把关**

目前我国建筑机械制造业已实施生产许可证制度，在选购设备时应选购有生产许可证、质量好、安全性能高的优质机械设备，把安全隐患消灭在源头。不购买无生产许可证、无产品合格证、无使用说明书的"三无"设备，不购买已经淘汰的产品。

**3. 加强对设备的安全管理和维护**

建立健全设备安全管理的规章制度，制定各种设备的安全操作规程，使设备管理、安全生产制度化、标准化、规范化。加强设备的维护保养，确保设备安全运转。对大型设备除了日常检查外，还要定期检查和定期检测，确保其安全性和完好性，禁止带病工作，不准超期服役。同时，把对设备的安全管理与工资、奖金挂钩，实行经济制约。

**4. 开展安全技术培训**

机械操作人员必须了解机械设备的结构特点及工作原理，严格按规程操作，每一台机器旁要设有单独的操作规程。操作工先培训后上岗，不培训不上岗，特殊工种须持证上岗。建筑公司要经常对操作人员开展各种形式的安全教育与培训，以提高他们的安全意识。

**5. 加强安全检查，消除安全隐患**

安全检查要经常化、制度化，及时发现安全隐患，及时整改。确保各类安全防护装置齐全有效、灵敏可靠。尤其是大型设备的防护装置更要重点关注，对机械的运动部件如旋转件等必须设置防护网，无法用罩网防护的部位应设置警示标志，防止人体触及。

【任务思考】

## 任务工作单

（1）机械伤害事故的概念是什么？

（2）建筑机械的特点和机械伤害的形式是什么？

（3）机械伤害事故发生的常见原因有哪些？

（4）机械伤害事故预防措施有哪些？

（5）分析导致"情境创设"中生产安全事故发生的原因（包括直接原因和间接原因）。

（6）分析预防"情境创设"中生产安全事故应采取的安全措施。

任务练习

案例分析题

4月24日,在某中建局总包、某建筑公司分包的动力中心及主厂房工程工地上,动力中心厂房正在进行抹灰施工,现场使用一台JGZ350型混凝土搅拌机拌制抹灰砂浆。9:30左右,由于搅拌机出料口距离动力中心厂房西北侧现场抹灰施工点约200m,仅两台翻斗车进行水平运输,加上抹灰工人较多,造成砂浆供应不上,工人在现场停工待料。身为抹灰工长的文某非常着急,到砂浆搅拌机边督促拌料。因文某本人安全意识不强,趁搅拌机操作工去备料而不在搅拌机旁时,私自违章开启搅拌机,且在搅拌机运行过程中,将头伸进料口边查看搅拌机内的情况,被正在爬升的料斗夹到其头部后,人跌落在料斗下,料斗下落后又压在文某的胸部,造成其头部大量出血。事故发生后,现场负责人立即将文某送医院,文某经抢救无效,于当日10:00左右死亡。

根据上述事故案例回答下列问题。

(1) 根据《企业职工伤亡事故分类标准》,确定该起生产安全事故的类别。

(2) 根据《生产安全事故报告和调查处理条例》,确定该起生产安全事故的等级。

(3) 分析导致该起生产安全事故发生的直接原因。

(4) 分析导致该起生产安全事故发生的间接原因。

(5) 分析预防该起生产安全事故应采取的安全措施。

# 任务 16 物体打击事故分析及预防

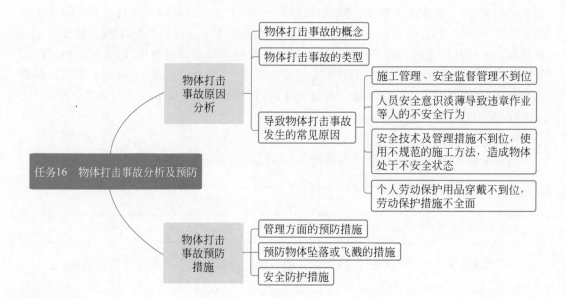

任务16 物体打击事故分析及预防

- 物体打击事故原因分析
  - 物体打击事故的概念
  - 物体打击事故的类型
  - 导致物体打击事故发生的常见原因
    - 施工管理、安全监督管理不到位
    - 人员安全意识淡薄导致违章作业等人的不安全行为
    - 安全技术及管理措施不到位，使用不规范的施工方法，造成物体处于不安全状态
    - 个人劳动保护用品穿戴不到位，劳动保护措施不全面
- 物体打击事故预防措施
  - 管理方面的预防措施
  - 预防物体坠落或飞溅的措施
  - 安全防护措施

## 知识目标

1. 掌握物体打击事故的概念。
2. 熟悉物体打击事故的类型。
3. 掌握导致物体打击事故发生的常见原因。
4. 掌握物体打击事故预防措施。

## 能力目标

1. 能进行物体打击事故原因分析。
2. 能制订物体打击事故预防措施。

## 素质目标

1. 树立"安全第一、预防为主"的职业情感。
2. 树立敬畏生命的理念,培养遵章守纪的职业操守、责任意识、严谨认真的工匠精神。

## 相关知识链接

1. 物体打击事故的概念。
2. 物体打击事故的类型。
3. 导致物体打击事故发生的常见原因。
4. 物体打击事故预防措施。

物体打击事故
分析及预防

**职业素养养成**

1. 对导致物体打击事故发生的常见原因进行分析,让学生系统地掌握导致物体打击事故发生的常见原因,教育学生系统地分析问题,树立全局意识。

2. 结合物体打击事故案例教育学生敬畏生命、遵章守纪、懂得责任、严谨认真,建立"安全第一、预防为主"的职业情感。

**情境创设**

周某系某建筑工程公司辅助工,3月5日上午在某锅炉改扩建工程施工工地清理现场时,未听安全监护人员劝告,擅自进入红白带禁区内清理夹头。此时该队另一普工曹某正在10m高的平台上寻找工具,不慎碰到一块小铜模板,导致其从10m高平台的预留孔中滑下,正好击中斜戴着安全帽的周某头部,周某经抢救无效,于3月12日死亡。

思考:

1. 根据该事故案例,分析导致该起生产安全事故发生的原因(包括直接原因和间接原因)。

2. 根据该事故案例,分析预防该起生产安全事故应采取的安全措施。

# 16.1 物体打击事故原因分析

物体打击会对作业人员的安全造成威胁,作业人员容易被砸伤,甚至出现生命危险。施工周期短,劳动力、施工机具、物料投入较多时,交叉作业时常出现。这就要求在高处作业的人员在机械运行、物料传接、工具的存放过程中,都必须确保安全,防止物体坠落伤人的事故发生(图16-1)。

图 16-1 物体打击事故图片

## 16.1.1 物体打击事故的概念

物体打击事故是指物体在重力或其他外力的作用下产生运动,打击人体造成人身伤亡事故,不包括因机械设备、车辆、起重机械、坍塌等引发的物体打击。

### 16.1.2　物体打击事故的类型

物体打击事故的类型有以下几种。

(1) 高处落物伤人,包括工具、材料、边角余料、脚手架杆、扣件等坠落伤人。

(2) 堆垛材料较高不稳固而倾斜倒塌,砸伤人员。

(3) 机具设备带病运转,或人员违章操作造成工具、物料飞出对人员造成物体打击。

### 16.1.3　导致物体打击事故发生的常见原因

**1. 施工管理、安全监督管理不到位**

(1) 在施工组织管理上,施工负责人对交叉作业重视不足,安排两组或以上的施工人员在同一作业点的上下方同时作业,造成交叉作业。

(2) 片面追求进度,不合理地安排作业时间,不合理地组织施工,要求工人加班加点,导致安全监管缺失。

(3) 安全监护不到位。

**2. 人员安全意识淡薄导致违章作业等人的不安全行为**

(1) 工作过程中的一般常用工具没有放在工具袋内,而是随手乱放。

(2) 拆除的物料随意乱丢、乱堆放,甚至直接向地面抛扔建筑材料、杂物、建筑垃圾,而不是使用吊车吊下来或用麻绳装袋溜放。

(3) 随意穿越警戒区,不在规定的安全通道内行走。

**3. 安全技术及管理措施不到位,使用不规范的施工方法,造成物体处于不安全状态**

(1) 物料堆放在临边及洞口附近,堆垛超过规定高度、不稳固。

(2) 不及时清理高处的边角余料等垃圾,导致边角余料由于振动、碰撞等原因坠落。

**4. 个人劳动保护用品穿戴不到位,劳动保护措施不全面**

(1) 作业人员进入施工现场没有按照要求佩戴安全帽,或者安全帽不合格。

(2) 平网、密目网防护不严,不能很好地封住坠落物体。

(3) 脚手板未满铺或铺设不规范,作业面缺少踢脚板。

(4) 拆除工程未设警示标志,周围未设护栏或未搭设防护棚。

## 16.2　物体打击事故预防措施

物体打击主要是高处坠落物或地面物体坠落至基坑、槽造成的伤害事故,预防措施主要有管理方面的预防措施、预防落物或飞溅物伤人措施和安全防护措施三个方面。

**1. 管理方面的预防措施**

1) 文明施工

施工现场必须达到《建筑施工安全检查标准》(JGJ 59—2011)中文明施工的各项要求。

2) 设置警戒区

下述作业区域应设置警戒区：塔机、施工电梯拆装、脚手架搭设或拆除、桩基作业处、钢模板安装拆除、预应力钢筋张拉处周围以及建筑物拆除处周围等，设置的警戒区应由专人负责警戒，严禁非作业人员穿越警戒区或在其中停留。

3) 避免交叉作业

施工计划安排时，尽量避免和减少同一垂直线内的立体交叉作业。无法避免交叉作业时必须设置能阻挡上面坠落物体的隔离层，否则不准施工。

4) 做好模板的安装和拆除安全管理

模板的安装和拆除应按照施工方案进行作业，2m以上高处作业应有可靠的立足点，不要在被拆除模板垂直下方作业，拆除时不准留有悬空的模板，防止掉下砸伤人。

**2. 预防物体坠落或飞溅的措施**

(1) 脚手架。

施工层应设有1.2m高防护栏杆和18～20cm高挡脚板。脚手架外侧设置密目式安全网，网间不应有空缺。脚手架拆除时，拆下的脚手杆、脚手板、钢管、扣件、钢丝绳等材料，应向下传递或用绳吊下，禁止投扔。

(2) 材料堆放。

材料、构件、料具应按施工组织规定的位置堆放整齐，防止倒塌，做到工完场清。

(3) 上下传递物件禁止抛掷。

(4) 往井字架、龙门架上装材料时，把料车放稳，材料堆放稳固，关好吊笼安全门后，应退回到安全地区，严禁在吊篮下方停留。

(5) 深坑、槽施工。

四周边沿在设计规定范围内，禁止堆放模板、架料、砖石或钢筋材料。深坑槽施工所有材料均应用溜槽运送，严禁抛掷。

(6) 现场清理。

清理各楼层的杂物，集中放在斗车或桶内，及时吊运地面，严禁从窗内往外抛掷。

(7) 工具袋(箱)。

高处作业人员应佩带工具袋，装入小型工具、小材料和配件等，防止坠落伤人。高处作业所有的较大工具，应放入工具箱。砌砖使用的工具应放在稳妥的地方。

(8) 拆除工程。

除设置警戒的安全围栏外，拆下的材料要及时清理运走，散碎材料应用溜槽顺槽溜下。

(9) 防飞溅物伤人。

圆盘锯上必须设置分割刀和防护罩，防止锯下木料被锯齿弹飞伤人。

**3. 安全防护措施**

(1) 防护棚。

施工工程邻近必须通行的道路上方和施工工程出入口处上方，均应搭设坚固、密封的防护棚。

(2) 防护隔离层。

垂直交叉作业时，必须设置有效的隔离层，防止坠落物伤人。

(3) 起重机械和桩机机械下不准站人或穿行。

（4）安全帽。

戴好安全帽是防止物体打击的可靠措施。因此，进入施工现场的所有人员都必须戴好符合安全标准、具有检验合格证的安全帽，并系牢帽带。

【任务思考】

## 任务工作单

（1）物体打击事故的概念是什么？

_____

_____

_____

（2）物体打击事故的类型有哪些？

_____

_____

_____

_____

（3）导致坍塌事故发生的常见原因有哪些？

_____

_____

_____

_____

（4）坍塌事故预防措施有哪些？

_____

_____

_____

_____

（5）分析导致"情境创设"中生产安全事故发生的原因（包括直接原因和间接原因）。

_____

_____

_____

（6）分析预防"情境创设"中生产安全事故应采取的安全措施。

_____

_____

**任务练习**

案例分析题

1月20日下午，某建筑安装工程有限公司分包的某汽修车间工程，钢结构屋架地面拼装基本结束。14:20左右，专业吊装负责人曹某酒后来到车间西北侧东西向并排停放的三个屋架长21m、高0.9m、自重约1.5t的钢屋架前，弯腰蹲在最南边的一个屋架下查看拼装质量，当发现北边第三个屋架略向北倾斜，即指挥两名工人用钢管撬平，并加固。由于两名工人使力不均，使该屋架反过来向南倾倒，导致三个屋架连锁一起向南倒下。当时，曹某还蹲在构件下，没来得及反应，整个身子就被压在构件下，待现场人员翻开三个屋架，曹某已七孔出血，经医护人员现场抢救无效死亡。

根据上述事故案例回答下列问题。

（1）根据《企业职工伤亡事故分类标准》，确定该起生产安全事故的类别。

_____

_____

_____

（2）根据《生产安全事故报告和调查处理条例》，确定该起生产安全事故的等级。

_____

_____

_____

（3）分析导致该起生产安全事故发生的直接原因。

_____

_____

_____

（4）分析导致该起生产安全事故发生的间接原因。

_____

_____

_____

_____

（5）分析预防该起生产安全事故应采取的安全措施。

_____

_____

_____

_____

# 任务 17　触电事故分析及预防

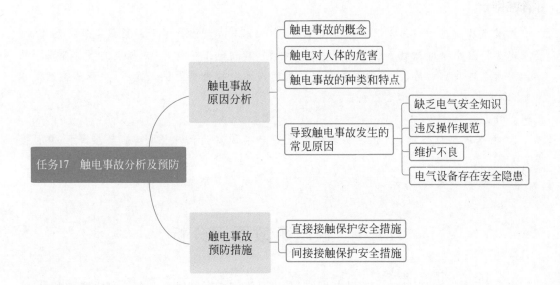

任务17　触电事故分析及预防

- 触电事故原因分析
  - 触电事故的概念
  - 触电对人体的危害
  - 触电事故的种类和特点
  - 导致触电事故发生的常见原因
    - 缺乏电气安全知识
    - 违反操作规范
    - 维护不良
    - 电气设备存在安全隐患
- 触电事故预防措施
  - 直接接触保护安全措施
  - 间接接触保护安全措施

## 知识目标

1. 掌握触电事故的概念。
2. 熟悉触电对人体的危害、触电事故的种类和特点。
3. 掌握导致触电事故发生的常见原因。
4. 掌握触电事故预防措施。

## 能力目标

1. 能进行触电事故原因分析。
2. 能制订触电事故预防措施。

## 素质目标

1. 树立"安全第一、预防为主"的职业情感。
2. 树立敬畏生命的理念,培养遵章守纪的职业操守、责任意识、严谨认真的工匠精神。

## 相关知识链接

1. 触电事故的概念。
2. 触电对人体的危害、触电事故的种类和特点。
3. 导致触电事故发生的常见原因。
4. 触电事故预防措施。

触电事故
分析及预防

1. 对导致触电事故发生的常见原因进行分析,让学生系统地掌握导致触电事故发生的常见原因,教育学生系统地分析问题,树立全局意识。

2. 结合触电事故案例教育学生敬畏生命、遵章守纪、懂得责任、严谨认真,树立"安全第一、预防为主"的职业情感。

**情境创设**

在某市建安集团公司承建的某大厦工地,杂工陈某发现潜水泵开动后漏电开关动作,便要求电工把潜水泵电源线不经漏电开关接上电源,起初电工不肯,但在陈某的多次要求下照办。潜水泵再次启动后,陈某拿一条钢筋欲挑起潜水泵检查是否沉入泥里,当陈某挑起潜水泵时,即触电倒地,经抢救无效死亡。

思考:

1. 根据该事故案例,分析导致该起生产安全事故发生的原因(包括直接原因和间接原因)。

2. 根据该事故案例,分析预防该起生产安全事故应采取的安全措施。

# 17.1  触电事故原因分析

作为"五大伤害"事故之一的触电事故,在建筑施工伤害事故中占有一定比例。因此,施工现场临时用电的安全是保证建筑工程正常施工和安全施工的基础。对施工用电事故的原因进行分析,进而采取安全措施加以预防,是解决施工用电安全的基础。

## 17.1.1  触电事故的概念

触电事故是指由于电流经过人体导致的生理伤害,包括雷击伤亡事故。如人体接触带电的设备金属外壳或裸露的临时线、漏电的手持电动工具,雷击伤害,触电坠落等事故。

## 17.1.2  触电对人体的危害

人体触电时,通过人体的电流越大、电流持续的时间越长就越危险。即危险程度由通过人体的安全电量 $q=it$ 来确定,一般为 50mA·s。其危险程度大致可以划分为 3 个阶段。

**1. 感知阶段**

感知阶段通入电流很小,人体能有感觉(一般大于 0.5mA),此时电流对人不构成危害。

**2. 摆脱阶段**

手握电极触电时,人能摆脱的最大电流值一般大于 10mA,此电流虽有一定危险,但可以自己摆脱,所以基本不构成致命的危险。当电流增大到一定程度,触电者将因肌肉收缩,发生痉挛导致抓紧带电体,不能自己摆脱。

**3. 室颤阶段**

当电流不大于50mA，电流持续时间在1s以内时，一般不会发生心室颤动。虽然低于50mA·s不会发生触电致死的后果，但也会导致触电者失去知觉或发生二次伤害事故。随电流加大和触电时间延长（一般大于50mA·s），将导致心室颤动，如果不立即断开电源，将会导致死亡。所以心室颤动是人体触电致死的最主要原因。

了解触电危害的原因有助于我们更好地认识《施工现场临时用电安全技术规范》中将30mA·s作为电击保护装置的动作特性的正确性，更好地了解施工用电漏电保护器的选用依据。

## 17.1.3 触电事故的种类和特点

施工触电事故的发生多数是由于人直接碰到了带电体或者接触到因绝缘损坏而漏电的设备，站在接地故障点的周围，也可能造成触电事故。施工临时触电一般可分为以下两种。

**1. 人直接与带电体接触触电事故**

按照人体触及带电体的方式和电流通过人体的途径，此类事故可分为单相触电和两相触电。单相触电是指人体在地面或者其他接地导体上，人体某一部分触及一相带电体而发生的事故。两相触电是指人体两处同时触及两带电体而发生的事故，其危险性较大。此类事故占全部触电事故的40%以上。

**2. 与绝缘损坏电气设备接触的触电事故**

正常情况下，电气设备的金属外壳是不带电的，当绝缘损坏而漏电时，人体触及这些外壳，就会发生触电事故，触电情况和接触带电体一样。此类事故占工地触电事故的50%以上。

由于触电事故的突发性，并在相对短的时间内造成严重后果，死亡率较高。根据对触电事故的统计分析，其规律可概括为以下几点。

(1) 具有明显的季节性。夏季高温是触电事故的多发季节，这是由于这段时间多雨、潮湿，电气设备绝缘性能降低，同时由于天气炎热，人身衣单而多汗，增加了触电的可能性。

(2) 中青年和非电工触电事故多，这些人对电气安全知识缺乏，技术不成熟，但胆子大，易发生触电事故。

(3) 便携式和移动式设备触电事故多，这是因为该类设备需要经常移动，工作条件较差，容易发生故障。

## 17.1.4 导致触电事故发生的常见原因

**1. 缺乏电气安全知识**

例如，带电拉高压开关；用手触摸被破坏的胶盖刀闸等。

**2. 违反操作规范**

例如，在高压线附近施工或运输大型货物，施工工具或货物碰击高压线；带电接临时照明线及临时电源；火线误接在电动工具外壳上等。

**3. 维护不良**

例如,大风刮断的低压线路未能及时修理;胶盖开关破损长期不予修理;线路老化未及时更换等。

**4. 电气设备存在安全隐患**

例如,电气设备漏电;电气设备外壳没有接地而带电;闸刀开关或磁力启动器缺少护壳;电线或电缆因绝缘磨损或腐蚀而损坏等。

# 17.2  触电事故预防措施

对触电所采取的防护措施分为直接接触保护和间接接触保护。

**1. 直接接触保护安全措施**

(1) 绝缘:用不导电的绝缘材料把带电体封闭起来,这是防止直接触电的基本保护措施。

(2) 屏护:采用遮拦、护罩、护盖、箱闸等把带电体同外界隔离开来。

(3) 安全间距:保持一定的安全距离,其间距的大小与电压高低、设备类型、安装方式等因素有关。

**2. 间接接触保护安全措施**

1) 保护接地和保护接零,是防止间接触电的基本技术措施

保护接地:其原理是通过接地把漏电设备的对地电压限制在安全范围内,防止触电事故。

保护接零:其原理是在设备漏电时,电流经过设备的外壳和零线形单相短路,短路电流烧断保险丝或使自动开关跳闸,从而切断电源,消除触电危险。

重复接地的作用:①降低漏电设备对地电压;②降低三相不平衡时零线上出现的电压;③当零线发生断线时,减轻事故的危害性;④缩短漏电事故时间;⑤改善线路的防雷性能。

重复接地的要求:每一重复接地装置的接地体应用 2 根以上的角钢、钢管或圆钢,不得用铝导体或螺纹钢。两接地体间的水平距离以 5m 为宜,接地体以 2.5m 长较好,接地极坑深以顶端距地≥0.6m 为宜。

2) 采用安全电压

根据生产和作业场所的特点,采用相应等级的安全电压,是防止发生触电伤亡事故的根本性措施。我国安全电压额定值的等级为 42V、36V、24V、12V 和 6V,施工现场照明作业应使用 36V 以下安全电压。

3) 漏电保护器

漏电保护器是一种电气安全装置,主要提供间接接触保护,在一定条件下,也可以做直接接触的补充保护,对可能致命的触电事故进行保护。将漏电保护器安装在施工电路中,当发生漏电和触电,且达到保护器所限定的动作电流值时,就立即在限定的时间内动作自动断开电源进行保护。

4) 合理使用防护用具

在施工作业中,合理匹配和使用绝缘防护用具,对防止触电事故,保障操作人员在生产

过程中的安全健康具有重要意义。绝缘防护用具可分为两类,一类是基本安全防护用具,如绝缘棒、绝缘钳、高压验电笔等;另一类是辅助安全防护用具,如绝缘手套、绝缘(靴)鞋、橡皮垫、绝缘台等。

5) 分级配电分级保护的原则

因为低压供配电一般都采用分级配电,所以电箱也应该按分级设置,即在总配电箱下,设分配电箱,分配电箱以下设开关箱,开关箱以下就是用电设备。

实行分级保护,对低压电网所有线路末端的用电设备创造了安全运行条件和提供人身安全的直接接触与间接接触的多重防护,对提高安全用电水平和减少触电事故、保障作业安全有积极作用。

为了保障施工现场用电的安全,施工现场临时用电要严格按照《施工现场临时用电安全技术规范》(JGJ 46—2005)的要求,采用 TN-S 接零保护系统,实行三级配电三级保护,做到"一机、一闸、一漏、一箱"。项目经理作为施工现场安全生产第一责任人,要配备和使用经过安全用电基本知识培训,具有上岗资格的电气技术人员,要建立完整的临时用电安全技术资料,建立定期检查制度,做好电气设备日常维护、电阻测试、电工维修记录,平时加强对施工用电的管理。

【任务思考】

## 任务工作单

（1）触电事故的概念是什么？

（2）简述触电对人体的危害、触电事故的种类和特点。

（3）导致触电事故发生的常见原因有哪些？

（4）触电事故预防措施有哪些？

（5）分析导致"情境创设"中生产安全事故发生的原因（包括直接原因和间接原因）。

（6）分析预防"情境创设"中生产安全事故应采取的安全措施。

**任务练习**

案例分析题

9月11日,因台风、下雨,某工程人工挖孔桩施工停工,天晴后,工人们返回工作岗位进行作业。约15:30,又下起雨,大部分工人停止作业返回宿舍,25号和7号桩孔因地质情况特殊需继续施工(25号由江某等两人负责),此时,配电箱进线端电线因无穿管保护,被电箱进口处割破绝缘造成电箱外壳、PE线、提升机械以及钢丝绳、吊桶带电,江某触及带电的吊桶遭电击,经抢救无效死亡。

根据上述事故案例回答下列问题。

(1) 根据《企业职工伤亡事故分类标准》,确定该起生产安全事故的类别。

_____

_____

_____

(2) 根据《生产安全事故报告和调查处理条例》,确定该起生产安全事故的等级。

_____

_____

_____

(3) 分析导致该起生产安全事故发生的直接原因。

_____

_____

_____

(4) 分析导致该起生产安全事故发生的间接原因。

_____

_____

_____

(5) 分析预防该起生产安全事故应采取的安全措施。

_____

_____

_____

_____

# 参考文献

[1] 徐锡权,王宁.建筑工程施工安全管理[M].北京:中国建筑工业出版社,2024.

[2] 国家建筑安全技术研究中心.建筑工程安全技术数字化应用[M].北京:人民交通出版社,2024.

[3] 张欣.建筑工程安全管理[M].北京:中国建筑工业出版社,2023.

[4] 李芳,周明.绿色施工与职业健康安全管理[M].北京:高等教育出版社,2023.

[5] 刘志刚,周敏.建筑施工安全与职业健康[M].北京:机械工业出版社,2023.

[6] 王磊,张静.建筑工程安全风险防控与应急管理[M].北京:机械工业出版社,2023.